半小时科学简史

科学与文明的灯塔

HALF-HOUR BRIEF HISTORY OF SCIENCE

李春蕾　主编

中华工商联合出版社

图书在版编目（CIP）数据

半小时科学简史 / 李春蕾主编 .—北京：中华工商联合出版社，2022.5

ISBN 978-7-5158-3364-4

Ⅰ . ①半… Ⅱ . ①李… Ⅲ . ①自然科学史—世界—通俗读物 Ⅳ . ① N091-49

中国版本图书馆 CIP 数据核字（2022）第 044885 号

半小时科学简史

作　　者：李春蕾
出 品 人：李　梁
责任编辑：于建廷　王　欢
插图绘制：张　茁　胡安然　钟　伟
装帧设计：周　源
责任审读：傅德华
责任印制：迈致红
出版发行：中华工商联合出版社有限责任公司
印　　刷：北京毅峰迅捷印刷有限公司
版　　次：2022 年 5 月第 1 版
印　　次：2022 年 5 月第 1 次印刷
开　　本：710mm × 1000mm　1/16
字　　数：220 千字
印　　张：14
书　　号：ISBN 978-7-5158-3364-4
定　　价：49.90 元

服务热线：010-58301130-0（前台）
销售热线：010-58301132（发行部）
010-58302977（网络部）
010-58302837（馆配部）
010-58302813（团购部）
地址邮编：北京市西城区西环广场 A 座 19-20 层，100044
http://www.chgslcbs.cn
投稿热线：010-58302907（总编室）
投稿邮箱：1621239583@qq.com

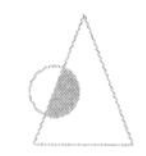

新时代需要科学精神

回首过往，我们会发现，人类“科学观”的发展是一场漫长的旅程。

中国古代科学技术以“四大发明”为代表，曾经一度处于世界领先水平。当近代科学在西方兴起并逐渐传入中国后，中国社会最初对它是俯视的态度，认为那都是“奇技淫巧”。待近代科学发展成熟，西方列强用坚船利炮犯我中华时，国人才意识到自己与西方之间的差距，并开始仰视西学。不过，那个时期对科学的理解，大都停留在“技”和“器”的层面。

到了20世纪初，公众对科学的理解依旧是浅显的，甚至分不清科学与技术、科学与魔术，对科学的本质和功能的认识都是混乱的。直到《科学》一刊问世，才改变了这种现状。1916年1月，中国科学社社长任鸿隽在《科学》第2卷第1期上发表了《科学精神论》一文，这是“科学精神”首次在中文文献中得到系统论述。

从那时候开始，人们开始重视用“科学”的尺度衡量世界一切事

物，崇尚理性，反对迷信和愚昧，认为只有具备“科学精神”，人们才能摆脱“无常识之思维、无理由之信仰”的束缚。历经一百多年的发展，科学作为一种精神、一种文化、一种文明，在中国落地、生根、开花、结果。

每个时代都有独属于它的精神气质。当中国进入新时代，这个时代的科学精神也有了它全新的使命。中国科协党组书记、常务副主席怀进鹏表示：“每一个时代都有其培育的人才，也有其成就的事业，而我们这个时代所面临的就是科技强国的使命。”

新时代的中国正在开创的未来，没有任何的参照系，完全要走自己的路，这是一项巨大的挑战。通向未来的道路是光明的，但过程不会是一帆风顺的，会有繁花似锦相伴，也会有荆棘密布的阻挠，交织着确定性和不确定性的新问题和新挑战。

在智能时代，要解决未来发展中的不确定性问题，更是离不开科学精神、科学态度和科学方法。历史不会给任何崛起图强的国家太多试错的机会，唯有对科学秉持审慎和敬畏之心，才能尽可能地少犯错误、不犯错误，至少不犯颠覆性的错误。

科学精神，不仅关乎着国家的命运和发展，也是每一个新时代人要秉持的态度。于我们而言，科学精神就是对抗混沌世界的那一道光。有了这道光，即使暂时迷失，也总能找到方向；有了这道光，即使世界冰冷，也总能发出一点热。守护来之不易的科学精神，培养正在萌发的科学精神，是每个人要用毕生精力去做的事。

目　录

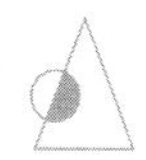

Chapter1

理性精神

——“我爱我的老师，但我更爱真理”

亚里士多德：吾爱吾师，但吾更爱真理

地球是球体这一事实，几乎是人人都知道的常识。然而，在公元前四世纪，那样一个信息闭塞、没有任何科技可言的时代，有一个希腊人站在地球上，也看到了地球的全貌。他是通过对月食的观察，看到了地球在月亮上的投影是圆形的，继而了解到自己脚下的这片大地是一个圆球。

这个聪明的希腊人，就是亚里士多德。公元前384年，亚里士多德出生在希腊北部的斯塔吉拉。相对于雅典，这里只能被称为乡下。不过，他的父亲是马其顿国王腓力二世的宫廷御医，他从小就生长在宫廷里，并自幼随父学医，受到严格训练，养成了一丝不苟的作风。

亚里士多德还未成年，他的父亲就去世了。后来，他被姐姐送到雅典，进入著名的柏拉图学院学习哲学。从17岁到37岁，亚里士多德一直跟随柏拉图学习。他是柏拉图的众多弟子中最为出色的一位，柏

拉图称他为“学园之灵”。不过，亚里士多德并非唯唯诺诺崇拜个人权威的人，他尊重自己的老师，但他保持独立的思想。他曾隐喻地说过，智慧不会随柏拉图一起死亡。

柏拉图曾邀请不少知名学者到学院讲学，他们发表学术演讲，各抒己见，激烈辩论。这让对知识如饥似渴的亚里士多德受益匪浅。他认真聆听每位学者的演讲，虚心请教，但他也善于独立思考，不会盲从。在这些学者面前，他敢于发表自己的意见，说出不同的看法。时间久了，他受到了师长们的重视，也赢得了同学的尊敬。

有一天，天气晴朗，微风拂面。柏拉图带着学生们在学院里散步，一边欣赏美景，一边讲学。柏拉图走到一棵树前，摘下一朵小花，问学生：“你们头上的青天，眼前的大树，我手中的小花，是真实的吗？”柏拉图的外甥斯培西波说：“不是真实的，物质的世界只是幻影。”另一个学生也说：“只有理念世界才是真实的。”

“对，物质世界背后有一个永恒不变的理念世界，这个理念世界才是真实的。”这个理念是柏拉图哲学思想中的核心问题，有不少哲学家都曾经多次阐述过。亚里士多德对这个问题思考了很久，也跟多位学者探讨过，但他得出的结论和老师的看法不同。他一直想跟老师探讨，却无奈没有合适的机会。现在，老师提出了这个问题，刚好是个不错的机会。

于是，亚里士多德走到柏拉图面前，接过老师手中的小花，问道：“老师，您说这朵小花是不真实的？”柏拉图反问：“你怎么认为呢？”亚里士多德直率地说：“这朵小花就在我的手里，我看到了它鲜亮的颜色，闻到了它浓郁的芳香，这都是实实在在的，怎么能说它不是真实的呢？我认为理念世界才是幻影，它只存在于幻想之中。”

柏拉图鼓励学生们畅所欲言，但作为知名的大学者，他很少听到反对的声音。这一次，他只是勉强地笑了笑，说：“这个问题很重要，你们再认真讨论一下吧！”说完，就离开了。

斯培西波批评亚里士多德：“你怎么能当着老师的面这样说呢？”

亚里士多德回答：“我只是想跟老师讨论问题。你注意到了吗？在最近的讲课中，老师不是已经坦率地承认了他过去在理论研究上的失误了吗？我认为我是对的。”

刚刚回答问题的另一个学生补充说：“老师是我们追求真理、勇于自我批评的典范。”

亚里士多德回应道：“我爱我的老师，但我更爱真理。”

在柏拉图去世两年后，亚里士多德离开雅典，开始游历。大约是在公元前 343 年，他被马其顿国王腓力二世召回故乡，给年仅 13 岁的亚历山大做老师。亚里士多德对亚历山大进行了政治、道德及哲学的教育，他本人也直接影响了亚历山大的思想。正因如此，亚历山大大帝一直关心科学事业，尊重知识。他曾经说过：“生我的是我的父母，而使我明白如何生活才有价值的，则是我的老师。”

然而，亚历山大大帝与亚里士多德的政治观点并不是完全相同的。公元前 335 年，亚里士多德便重新回到雅典，走上了与他老师柏拉图一样的教育之路，在雅典的东郊建立了自己的学园“吕克昂”。在执教期间，亚里士多德写了很多关于自然科学和哲学方面的著作。

公元前 323 年，亚历山大去世，雅典人开始反对马其顿的统治。亚里士多德曾是亚历山大的老师，雅典人指控他不敬神，就像当年苏格拉底的遭遇一样。为了避难，他逃到了欧比亚岛，把学园交给了弟子德奥弗拉斯特。第二年，亚里士多德染病去世，走完了他不懈追求真理的人生之路。

不盲信盲从，保持独立思考的能力

启蒙主义者对“理性精神”有一个解释：一切所谓的真理、教义、常识，都必须接受理性的审判，并为自己的存在寻找理由。简单来说，就是不盲从、不盲信、不人云亦云、不唯书、不唯上、只唯实、只唯是，追求真理和真相。

从这一点上来讲，亚里士多德做到了。他所说的“吾爱吾师，但吾更爱真理”，就是一种理性精神的体现。“爱吾师”，意味着对老师充满了尊敬和爱戴，这是道德、伦理、感性方面的；“爱真理”，是要把追求客观规律和真理当成学习的终极目标，不会因为对老师的尊敬和爱戴而不敢去质疑老师的观点，而是秉承客观、理性、严谨的态度去追求真理。

在现实生活中，当我们踏上一条未知道路的时候，总有人会告诉我们：这条路你跟着大多数人的脚步走就行了，因为这是一群人达成的共识。这个时候，我们就需要冷静地思考：多数人的观点就一定代表真理吗？

当年，爱因斯坦提出相对论之后，他的这一学说受到了科学界广泛质疑。有人告诉他："有一百位科学家联名上书，说你的理论是错误的。"爱因斯坦说："如果确实能够证明我是错的，只要有一位科学家拿出足够的证据就可以了，为什么要用一百个人呢？"

爱因斯坦道出了科学精神的一个重要特点：真理的判定标准，不是谁的声音大谁就代表真理，而是谁的证据更充分，谁才更有说服力。用我们的话来说，就是简单的四个字:实事求是。爱因斯坦后来的成功，也充分证明了这一点。

社会实践告诉我们：很多时候，声音大真的可以在一定时间内，达到颠倒黑白、混淆视听的目的。历史上，这样的事情也不少见。金庸先生在《袁崇焕评传》中，透过一处情节，讲述了这一事实。

袁崇焕的罪名终于确定了，是稀里糊涂的所谓"谋叛"。崇祯始终没有叫杨太监出来作证。擅杀毛文龙和擅主和议两件事理由太不充分，崇祯无论如何难以自圆其说,终于也不提了。本来定的处刑是"夷三族"，

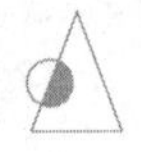

余大成去威吓主理这个案子的兵部尚书梁廷栋："袁崇焕并非真的有罪，只不过清兵围城，皇上震怒。我在兵部做郎中，已换了六位尚书，亲眼见到没一个尚书有好下场。你做兵部尚书，怎能保得定今后清兵不再来犯？今日诛灭袁崇焕三族，造成了先例，清兵若是再来，梁尚书，你顾一下自己的三族罢。"

梁廷栋给这番话吓怕了，于是和温体仁商议设法减轻处刑，改为袁崇焕凌迟，七十几岁的母亲、弟弟、妻子和几岁的小女儿充军三千里。母家、妻家的人就不牵累了。

袁崇焕在前线舍生忘死地抗击敌人，最后就因为有些人认为他有通敌的嫌疑，将其杀死。那些不明真相的百姓，也轻信了这个说法，对袁崇焕恨之入骨。我们无法想象，袁崇焕当时的心情是怎样的，有多少悲愤，有多少无奈，有多少叹息？虽然历史最终还了袁崇焕的清白，可那又怎样呢？在最需要澄清真相、最需要被信任的时候，袁崇焕还是遭受了不白之冤，谁也无法让时光倒回，改变这一事实。

从这件事情我们不难看出：用发展的目光来看，大众的认知总会回归理性，可在某个特定的时间段，人多声音大，真的会让人失去理性和判断力，盲目地随从。所以，在做一件事的时候，我们必须考虑到当下的后果，必须要掌握独立判断一件事情正确与否的是非观。只有这样，才不会轻易被舆论所裹挟，作出错误的决策。

扬从众的积极面，避从众的消极面

曾经有人设计过这样一个实验：

某高校举办一次特殊的活动，邀请德国化学家展示他发明不久的某种挥发性液体。活动当天，主持人在阶梯教室把满脸大胡子的“德国化学家”介绍给所有学生，而后化学家用沙哑的嗓音对学生们说：“最近，我研究出了一种强烈挥发性液体，现在我要开始做实验，并会记录下它从讲台挥发到全教室所用的时间。在这期间，如果你闻到一点味道，请马上举手，我要做下记录。”说完之后，他打开了密封的瓶塞，让透明的液体挥发。很快，前排的同学，中间的同学，后排的同学都先后举起了手。不到 2 分钟，所有学生都举手了。

见此情形，“化学家”没有说话，而是扯下了脸上的大胡子，拿掉了墨镜。所有的学生都惊呆了，原来他不是德国人，而是本校的一位德语老师。他笑着说：“瓶子里装的不是什么特殊液体，它就是蒸馏水。”

看过之后，你一定也知道，这个实验说的是“从众心理”，个人受到外界人群行为的影响，而在自己的知觉、判断、认识上表现出符合公共舆论或多数人的行为方式。通俗一点来说，就是“人云亦云”和“随大流”。

有研究表明，人群中只有四分之一的人能够做到不从众、保持独立。大部分人在做事情的时候，都习惯跟着主流走。那么，为什么会产生从众心理呢？

第一，群体的规模。

在一个群体中，如果只有两个人反对你的意见，你很可能会坚持己见；如果有 100 人反对你，你多半会惊慌失措，内心不安，最终从众了事。通常来说，群体规模越大，持有一致意见或采取一致行为的人数越多，则个体所感到的心理压力就越大，也就越容易从众。

第二，群体的一致性。

当个体的想法与群体的想法有很大不同的时候，个体所承受的压力是很大的。

假如，明天你第一天到新单位上班，发现单位里所有女同事都穿着干练的裤装，唯独你穿着连衣裙，所有人都用异样的眼光看着你。第一天你可能无动于衷，第二天、第三天……用不了多久，你可能就会不自觉地也穿上精干的裤装，这就是群体一致性带来的压力。

第三，群体的凝聚力。

群体的凝聚力越强，群体成员之间的依赖性及对群体规范和标准的从众倾向也越强，个体会为了群体的利益而与群体意见保持一致。著名的阿希从众实验表明，个体在有共同目标的群体中更容易从众，因为不这样做的话，可能无法达到目标。

第四，个体在群体中的地位。

个体在群体中地位越高，越有权威性，就越不容易屈服于群体的压力。通常来说，地位高的成员经验丰富、资历较深、能力较强、信息较多，能够赢得低地位者的信赖，他们的看法和意见能对群体产生较大影响，并使低地位者屈从，而地位低的成员则难以影响他们。

从众有消极的一面，它会抑制个性发展，束缚思维，扼杀创造力，让人变得没有主见和墨守成规。很有可能，在选择从众的那一刻，他就选择了远离真理。

有一位名叫福尔顿的物理学家，在一项研究工作时，需要测量固体氦气热传导度。不过，他用的测量方法是全新的，因而得出的结果比按照传统理论计算的数字高出500倍。福尔顿觉得，这个差距实在太大了，如果公布于众的话，怕是会被人视为故意标新立异、哗众取宠，因此他就没有声张。

没过多久，美国的一位年轻科学家，在实验过程中也测出了固体氦的热传导度，测量出的结果跟福尔顿测出的完全一样。这位年轻的科学家马上就公布了自己的测量结果，很快在科技界引起广泛的关注。福尔顿听说后，内心懊悔莫及，他写道："如果当时我摘掉名为'习惯'的帽子，而戴上'创新'的帽子，那个年轻人就绝不可能抢走我的荣誉。"

福尔顿说的那顶"习惯的帽子"，就是"从众心理"。他的经历也让我们看到了，不敢坚持真理，在"多数人""多数声音"面前妥协，

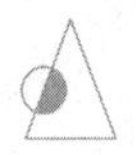

一味地怀疑自己，是多么不可取。

那么，对于“从众”，我们是否应该完全杜绝呢？不尽然。

哲学里讲过“辩证思维”，要一分为二地去看待一项事物，“从众”也如是。从众的积极面在于，我们可以去学习他人的智慧经验，扩大自己的视野，克服固执己见、盲目自信，修正自己的思维方式，减少不必要的烦恼和误会。而且，在一些客观存在的公理和事实面前，我们也不得不“从众”。

在人际交往中，点头通常意味着肯定，摇头意味着否定，可这种肯定和否定的表示法，在印度的某些地方却是恰恰相反的。当我们到了该地区，如果不“入乡随俗”，就无法顺利与人沟通交流，甚至无法生活。在这样的情况下，谁又能不从？

对于“从众”这一社会心理和行为，我们要具体问题具体分析，不能认为“从众”就是没有主见，“不从众”就一定是有独立思想。要尽量去发扬从众的积极面，避免从众的消极面，努力培养自己独立思考和明辨是非的能力。在遇到问题时，既要慎重地考虑多数人的意见和看法，也要有自己的思考和分析，从而增加判断的正确性，并以此来决定自己的行动。总而言之，凡事都“从众”或都“反从众”，属于走极端的行为，也违背了理性精神。

时刻保持警戒，认清易从众的情形

我们怎样才能在“众口铄金”的大环境下，保持自己的独立性，培养理性分析的科学精神呢？要解决这个问题，先要明白一个事实：我们在什么情况下更容易从众？

第一种情况：人在焦虑的时候，更容易从众。

如果一个人对自己的选择缺乏自信，不知道自己该怎么做的时候，往往会选择随大流。这样的情况不可避免，每个人一生中都可能会碰到。可是，有一点我们需要警惕，如果你发现自己陷入了一种“总是焦虑，总是不知所措，总是随大流”的情形中，那就意味着，你可能进入了人生的迷茫状态中。越是在这种时候，你越需要保持理性，客观地分析自己的处境和状态，早日从迷茫中走出来。

第二种情况：群体庞大，共识强烈，人更容易从众。

在只有两个人的情况下，你有自己的想法，往往不容易被对方说服，也不容易完全听信对方。如果是三个人在一起，另外两个人的意见是一致的，而你却有不同的意见，这时候就比较容易动摇了。如果是四个人、五个人，甚至是成百上千的人呢？当他们达成共识，而你却有不同意见的时候，你还敢坚信自己是正确的吗？恐怕很难。这个时候，不少人可能连说出自己意见的勇气也没有了。

个体在舆论的压力下，特别容易从众，这是正常的现象。可即使如此，我们也该对“群体”保持一定的戒备心理。正如之前所说，群体的意见未必永远都是对的。如果你因为融入了一个群体，而失去了基本的是非观，那是十分危险的。

始终保持自己独立思考的能力，并不是说要跟大众对着干，而是说在接受一个意见的时候，无论这个意见是谁告诉你的，已经被多少人采纳了，也一定要自己思考一下。如果这个意见是对的，思考的过程能让你更加全面地理解这个意见的价值；如果这个意见是错的，思考的过程能让你避免犯下大多数人都犯下的错误。

第三种情况：情况越复杂，情景越模糊，人越容易从众。

当我们面临复杂情况，自己难以做出决断的时候，往往更容易跟着别人走。因为分析复杂系统，需要消耗极大的资源和大脑能量，选择从众、跟着别人走，却能省时省力。

假设在电影院看电影，黑乎乎地一片，什么也看不清。这时候，突然有人大喊：着火了！大部分人都慌不择路地往外跑，这个时候，人们的第一反应永远是跟着群体跑，而不是冷静下来看看：到底是哪儿着火了？往哪跑才是最安全的？

这就提醒我们，即使是在复杂和模糊的情况下，在无法独立做出准确判断的时候，也要尽量保持一颗冷静的心，利用有限信息、独立思考，去把握那些自己能把握的细节。

换句话说，我们既要承认自己的局限性，也要保持自己的主观能动性。就算不得已跟着群体一起跑，也要尽量用自己的判断去规划逃跑的路线。如果一味盲目地从众，很可能被第一个跑的人带进死胡同。

从众不完全是坏事，它能够使群体保持一致性，扩大群体规模，组建一个目标一致、行动一致的群体，增加凝聚力，在团队协作中起到重大作用。但是，我们不能因此而忽略个体情况的差异，选择一味地盲从。我们要尽量扩大自己的信息源，做出客观判断，理清新闻、谣言、娱乐、恶俗、知识、经验，学会独立思考，提高自己的文化修养和知识水平。

正确的孤独，胜于错误的喧嚣

从众心理是一个需要警惕的东西。

这种警惕，不是说要警惕自己和别人一样，如果你认为大家的看法是正确的、合理的，那你和别人一样也没有问题。真正需要警惕的是，明明你有不同的想法和意见，却害怕与众不同，违心地选择“随大流”。当我们在从众心理的怂恿下，放弃了独立的意志和清醒的思考，就很容易丧失理性，做出错误的决断。

多数人都渴望有不凡的人生，但多数人最终都过着平凡的日子。不是没有能力，也不是缺少机会，而是从一开始在内心给自己设置了太多的约束，不敢打破潜在的世俗规则，不敢遵循内心真正的声音去选择，

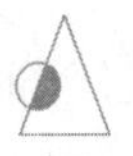

不敢迈出“非常规”的第一步。

因为，当你和别人不一样时，就意味着你是“另类”，你的言行举止都很“惹眼”。游离在大多数人之外，注定要承受外界的舆论非议和异样的目光，你所有的一切都可能被当成茶余饭后的谈资。正因不愿背负额外的压力，多数人都情愿或被迫地选择了“和别人一样”。

金正勋在《不谄媚的人生里》说过：“生活每天都充斥着各种各样的选择，最可怕的是不知不觉中已然放弃了对自己、对生活的警醒和觉察，任由别人灌输的信念和过去的惯性来支配自己的生活。人生最悲凉的笑话，莫过于用尽毕生努力成功地成为别人。人只有一辈子，为自己而活才是最大的奢侈。”

在很多问题上，我们为什么一定要跟别人一样呢？爱因斯坦说“反对者一个就够了”，如果你认为自己正确，你也可以成为那个“反对者”，不必事事都跟在他人身后亦步亦趋。通过观察，我们也会发现，那些真正有所成就的人，往往都是克服了从众心理的人。当然，他们有时也会因此而孤独。但是，正确的孤独，好于错误的喧嚣。

马云曾说：“CEO 是世界上最孤独的工作。”为什么？就是因为这个岗位的一举一动决定着一个企业的兴衰成败，他不能跟在别人身后走，因此才显得孤独。

雷军也说：“孤独是一个创业者与生俱来的。”“几乎所有的人都劝我把小米产品卖贵的时候，我感到孤独，因为他们不了解我的梦想和追求。”

柳传志说："创业者要有孤胆"；任正非说："我得忍受这种寂寞"；郭广昌说："在追求商业真理的过程中，你永远是孤独的"……这都是拒绝从众的理性考量。

为什么如此之多的成功企业家都在强调孤独二字？就是因为，走在正确的道路上，离不开独立的思考，不能被所谓的多数派牵着鼻子走，哪怕是那些已经成为定论的事情，只要你有足够的认识，有可以追溯的方法，也不是不可以去质疑的。

即使是科学，也是容许怀疑、容许反对的，何况是世俗与活法呢？很多时候，坚持自己认为对的，不随波逐流，活出真实与坦然，这既是理性的精神，也是幸福的选择。

偏见源自无知，却比无知离真理更远

盲目从众，是缺乏理性思维，偏离科学精神的，它可能会让真相悄无声息地被埋没，但还有一种情况，比从众更加可怕，它不仅会埋没真相，还可能让人彻底丧失理性，变得疯狂和不可理喻，那就是偏见。

培根曾说："偏见是一种先入为主的成见，是我们认识世界的障碍。"

人的偏见源自无知，但比无知要可怕得多。无知是没有真正认识一件事物，但不表示无知者拒绝接受不懂的事物，这属于知识层面的问题，可以通过学习来改变。偏见不只是不懂那么简单，偏见者固执

地认为自己对事物的错误认知是对的，且排斥和抗拒去接受事物的本来面目，这不只是知识层面的问题，还有认识态度的问题。

从认识的角度来说，偏见比无知离真理更远。

如果一个人对某个人、某个事物产生了偏见，他就会时刻带着这种偏见去观察此人和此事，去分析遇到的所有问题，那他得出的结论肯定是有偏差的。

一位正在服刑的人员，在劳动改造时，捡到了1000元钱。他心想，丢了钱的人肯定很着急，就把钱交给了管教。管教接过钱后，不但没有表扬他，反而大声地斥责："你这个人真是无可救药了，为了减刑竟然拿出自己的钱说是捡来的，告诉你，减刑没门！"很显然，这位管教对这位服刑人员就是有偏见的，认为他曾经犯过错误，就是一个彻头彻尾的"坏人"，不可能做好事，改过自新。

从实践的角度来说，偏见比真理的危害性更大。

当一个人不知道事情的本质和规律时，他可以通过不断地实践和探索，去发现和把握事物发展变化的规律，及时纠正一些有偏差的行为，摸着石头过河的方式不至于酿成特别严重的后果。可如果一个人在做事时总是带着偏见，他往往就会违背事物的发展规律，倒行逆施，事倍功半。

2019年1月11日,《中国科学报》发表了一篇新闻消息 :“世界著名的分子生物学研究中心——冷泉港实验室在其官网宣布，因DNA双螺旋结构发现者之一、诺贝尔奖得主沃森关于种族与智力关系的不当言论，切断与其之间的任何联系，并撤销包括名誉主席、Oliver R Grace名誉教授和名誉受托人等在内的所有头衔和荣誉。”

事情的起因是这样的:沃森在纪录片《美国大师:解密沃森》中提到,“在智力水平上，黑人和白人的平均值的确有所不同，而我认为这个不同正是基因导致的”。事实上，这位科学家在12年前就因为种族歧视的言论,失去了在冷泉港实验室的行政职务。很多同行和外行都不理解:作为一个杰出的科学家，沃森为什么要坚持一种没有科学依据的观点?

从科学上来讲，目前有关智力的决定和影响因素，已经不存在太多的核心分歧,它是遗传和环境因素共同作用的结果。且新的研究发现,儿童时期的环境压力也会改变大脑中关键基因的表达，甚至影响智力的遗传。很遗憾,沃森完全无视这些研究结论,他的认知已被种族偏见“圈”起来了，形成了一道屏障，让他对事实视而不见，彻底丧失了理性精神。

从转化的角度来说，偏见比无知更难让人清醒。

无知者和偏见者都非智者，但无知者可以通过学习、实践和思考，让自己逐步地掌握真理，而偏见者却认为自己已经掌握了真理，不愿意放弃现有的认知，总是极力地维护自己的错误认识，严重排斥和自己不同的东西，非常执拗和排他，完全就是“一条道走到黑”。所以,

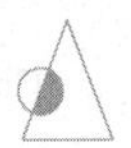

想让偏见者明白道理，比让无知者明白道理要难得多。

对事物不了解，甚至有错误的认识，是一种很普遍的情况。乔治·萨顿说：“即使是掌握最伟大真理的英雄，也不能完全摆脱偏见的束缚。”换言之，只要是人，就可能产生偏见。从认识能力上看，我们不可能知晓所有的东西。科技越发达，我们越会觉得对这个世界的认识太有限。我们的知识水平和认知能力，无法保证我们对任何事物的看法都符合实际。

然而，偏见不是不可战胜的，关键的问题在于——认识的态度。当有一种不同的观点、不了解的事物呈现在我们面前时，我们能否以一种开放的、包容的态度来面对？是否可以理性地说一句：我不同意你的观点，但誓死捍卫你说话的权利？又能否在细致地检验后，发现自己过去的认知有偏差，而坦然地去接纳全新的发现？

或许，这才是更需要我们去思考和践行的。

正确认识科学，摒弃对科学的误读

现如今，科学极大地改善了我们的生活，渗入在方方面面中，但公众的科学素养却没有与时俱进地跟上来。在提及“什么是科学”这一问题时，就会冒出不少的误解。

误解 1：科学是各种专门领域的知识，是科学家要做的事，跟普通人没关系。

这是一种最常见、多数人都存在的错误认知。科学不仅仅是各种知识的综合，更是一种世界观，一种理解世界的方式，它包括科学知识和科学精神两方面，而科学精神又包括理性精神、探索精神、怀疑精神等。有了科学知识，不等于有了科学精神。对芸芸大众而言，知识的普及已成为大势，更重要的是培养科学精神。

2018年11月2日，美国《洛杉矶时报》发表了一则消息：

根据法院判决结果，一位叫罗伯特的所谓的医学家，将向一位癌症患者支付1.05亿美元的赔偿金，其中包括9000万美元的痛苦赔偿金和1500万美元的惩罚性赔偿金。原因就是，这位罗伯特医生，曾经出版过一本《酸碱奇迹：平衡饮食，恢复健康》，这本书里大肆宣扬酸性体质是疾病根源，通过改变身体的酸碱性，就可以预防或治疗癌症。

那位癌症患者相信了他的说法，导致错过了治疗疾病的最佳时机，所以，他将罗伯特告上了法庭。面对法庭的质询，罗伯特不得不承认，所谓“酸性体质致癌”的说法，从一开始就是一场骗局。

罗伯特医生自称毕业于克莱顿自然健康学院，获得多个学位。从2002年起，就开始撰写《pH值奇迹》等书籍，提倡碱性饮食疗

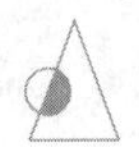

法，声称可以“减肥”“治糖尿病”，后来又补充了“治疗艾滋病”“治疗癌症”的功效。特别是那本《pH 值奇迹：平衡饮食，恢复健康》，在出版之初（2002 年），不仅成为当年美国最畅销的书籍，还被翻译成 18 种语言，在全球范围内大卖。嗅觉灵敏的商家，纷纷利用这套理论，广泛地宣传自己生产的食物、饮料属于“碱性食品”，有助于改善酸性体质。

事实上呢？人体在正常代谢过程中，会不断产生酸性物质和碱性物质，使得正常人血液的 pH 值在 7.35–7.45 之间。但是，不同器官的体液具有不同的酸碱性，比如胃、皮肤、阴道是酸性环境，肠道是碱性环境。所以，根本就不存在单一的酸性或者碱性体质！

任何一个有生物学基础的人，都应该会懂得这些知识，但为什么关于酸性体质这一套理论，还是欺骗了那么多人，并欺骗了那么久呢？其中很重要的一个原因就是，我们是掌握了一些科学知识，但却缺乏利用科学知识分析问题、认识事物的科学精神，被所谓的“广泛共识”所裹挟，失去了独立思考的能力。

误解 2：科学是对世界可能的解释之一，不是唯一正确的理论，其他理论也能解释世界。

科学从来没有自称是唯一正确的理论，但它是所有试图解释世界的理论中，有最多证据支持的、最经得起检验的，也是最可信的。因为，科学拒绝承认一切缺乏证据支持的断言，而迷信之类的理论却只是提供断言、不提供证据。

科学是开放性的，对那些有更多证据支持的、更经得起检验的理论，秉持开放的姿态，随时准备放弃旧的理论，接纳新的理论。但是，迷信的理论几千年来却是一成不变的，在可预见的将来也难有变化。那么，我们有何理由放弃一个有最多证据支持的、最经得起检验的理论，而去相信那些臆造出来的、逻辑不通的理论呢？

误解 3：科学是冰冷的，只研究没有生命的物质世界，科学家是冷漠的、没有情感的。

科学家做研究向来都离不开专注，这也使得他们有了过度沉浸于探索未知世界，而不惯于世俗生活之嫌。然而，科学并不是冰冷的、无情的，有太多科学家都曾强调过：科学不是为了个人荣誉，不是为了私利，而是为人类谋幸福。科学的温情体现在，当它对整个宇宙的命运有所了解后，就会对人类当下和未来的处境充满温情，这与文学对人性的关注是一样的。

中国工程院院士、我国第一代导弹驱逐舰总设计师潘镜芙，把自己毕生的心血都奉献给了祖国研制军舰的事业。在对待科研的问题上，他一丝不苟、严谨严肃，可走进潘镜芙的家，却不禁让人感慨：研究高科技军事武器这样“冰冷”的工作背后，隐藏的是一个充满人文情怀的科学家。

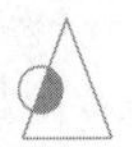

潘镜芙家的客厅、餐厅和卧室里，分别放着三个书柜，珍藏了中外历史上不少文豪的著作。平日里，潘老就是靠读书、写诗和欣赏音乐来休闲的，每攻克一道技术难题，他就会拿起口琴，轻轻低吹上一曲浪漫而深情的《军港之夜》。

作为总设计师，潘镜芙处处身先士卒。每一次的适航性试验，他都坚持在场，为的就是直接掌握第一手资料。回忆起往事，他幽默地说："记得第一次上船试验，我一躺下就是天旋地转，像醉酒了一样。"

很少有人知道，这番幽默的背后，其实藏着莫大的辛酸。他的女儿偷偷告诉记者，真实的情况是，父亲当时腰椎间盘突出犯了，但不放心海上试验，坚持忍痛上了军舰。在海上潮湿的环境中，腰间的刺痛越来越严重，可即使如此，潘镜芙还是让同事搀扶着，继续指挥舰艇的操作。

几十年的时间，潘镜芙的工作单位从上海搬到南京，从南京搬到武汉，而他大部分的时间都是在研究所、造船厂、海上试验场度过的。他的女儿提起："从 1966 年到 1992 年，20 多年里，爸爸妈妈一直过着分居的生活，每年只有一次探亲假，那就是过年的时候，爸爸才能回到上海的家中。每次爸爸离开家，我都要大哭一次。"

对此，潘镜芙也表示："我对妻子和孩子真的很愧疚。分隔两地的那些年，我和家人都是通过写信相互支撑的。"直到 1992 年，潘镜芙的工作移回上海，才与家人真正团聚。

在研制舰艇的几十年里，潘镜芙一直跟战舰紧密地联系在一起。他在设计舰艇时，不仅考虑舰艇本身的技术价值，还时刻惦记着以舰船为家的战士们，极力地想要为他们营造一个舒适温馨的环境。

过去设计的苏式舰艇，居室拥挤、通道狭窄、夹板层低矮，机器的噪声和高温的环境，让人感觉很不舒服。可潘镜芙设计的新型导弹驱逐舰，每个舱室都有真空处理厕所，房间明亮，空调冬暖夏凉，舱室里还有健身房、学习室、电视室，现代化的生活设施一应俱全。他说："搞了一辈子的海军装备，我最牵挂的是海军官兵们。官兵在舰上生活得舒心，才更有精力提高训练质量。"

从"中国导弹驱逐舰之父"潘镜芙院士身上，我们看到的不仅是一位心系祖国的伟大科学家，更是一位充满人文情怀的"父亲"。透过他的身影，我们也能够窥探到，科学不是只研究没有生命的物质世界，科学家也不是冷漠无情的。

科学文化与人文文化从来都是相辅相成、并肩存在的，没有人文情怀关照的科学文化是盲目和莽撞的，没有科学精神融入的人文文化是蹩足和虚浮的。我们不能误读真正的科学，更不能误解那些孜孜不倦为人类社会做出奉献的科学家。

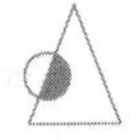

尊重真理，以真理的精神追求真理

黑格尔曾提出一个见解：“真理不是抽象的，而是具体的，真理是一个过程。”在这里，黑格尔只是思辨地把“真理—过程”设定为绝对精神的自我运动，而马克思却将作为过程的真理建立于人类实践的历史运动中。这就是说，真理不是凝固的或现成的东西，也不是一经得到就不再改变的东西，真理是在历史的现实中不断生成和具体化的过程。

对于科学而言，不是谁创造了科学的真理，而是谁发现了真理。因为真理就在那里，无论你最终是否能发现它，它都存在着。很多时候，我们与其花费时间去辩论谁是对的、谁是错的，不如走上发现之旅，用实际的行动去寻找真相。

两小儿辩日是一则跟孔子有关的故事，流传甚广：

两个小孩儿吵架，找孔子评理。一个小孩说：“早晨的太阳离我们近，因为早晨太阳看起来比中午大，近大远小。”另一个小孩说：“早晨凉中午热，显然离得近更热。”

孔子实事求是地回答：“我不知道答案是什么。”

两个小孩嘲笑孔子说：“哈哈，原来你并不比我们知道得多。”

这个故事是当时其他学派的人编出来的，用来证明被人尊为至圣先师的孔子，并非全知。然而，编这个故事的人可能没有想到，这个用来难为孔子的问题，会在千百年之后得到答案。如果人们都像他们一样，以诡辩代替刨根问底，以赢得辩论代替追求真理，那永远都不可能找到答案。

然而直到今天，我们还是经常会看到，一群人聚集在一起高谈阔论，相互争辩。哲人曾经说过，真理越辩越明。这些人想当然地认为，只要善于辩论，就能站在真理的一方。可实际上，辩论也是一种对思维模式的锻炼，如果仅仅是在辩论中锻炼思维，而不付诸实际行动，就会离真理越来越远。这就如同一个练武术的人，学会了十八般武艺，却永远不敢上战场，那就只是锻炼了体魄，没有任何实际的效用。

每个人都有追求真理的必要，不见得一定是科学的真理，生活的真理、人生的真理、工作的真理都需要我们去探索。或许，在探索的过程中，我们会走一些弯路，得到一些不确切的结论，但只要我们始终保持不断探求的科学精神，最终总能找到可以指导我们言行的不变真理。况且，追求真理的过程，也是一个人不断提升的过程。这也是为什么说，追求真理比占有真理更宝贵。

追求真理，也是一个人远离荒谬和虚伪的根本方法。正如车尔尼雪夫斯基说："真理之所以为真理，只是因为它是和谬误以及虚伪对立的。"哪怕如你我这般，只是芸芸众生中的普通人，追求真理也是有意义的。倘若我们浑浑噩噩、得过且过，就会变得摇摆不定、迷茫失措；如果我们找不到人生的意义，就只能随波逐流，任命运摆布。

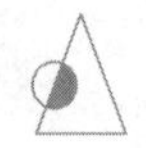

伊凡·谢切诺夫是俄国著名的生物学家，1862 年，他通过多次对青蛙的解剖实验，发现了关于大脑的秘密，并发表了《蛙脑对脊髓神经的抑制》等文章，同时还出版了《脑的反射》一书，奠定了自己在神经生理学领域中大师级的地位。

当时，愚昧的沙俄政府认为谢切诺夫的所作所为打破了政府一贯宣传的"真理"，就把伊凡·谢切诺夫关进了大牢，并对他进行审讯。

在法庭上，法官对谢切诺夫说："你可以为自己找个辩护证人。"

谢切诺夫平静地回答："让青蛙做我的证人吧！"

谢切诺夫选择了坚持真理，放弃了辩护。多年以后，当年压迫谢切诺夫的沙俄政府，早已被扫进了历史的垃圾堆，而谢切诺夫则成为流芳百世的伟大科学家。他的理论，为巴甫洛夫等科学家后来的研究活动奠定了坚实的基础。

类似这样的故事还有很多，它们在一次次提醒我们：人的可贵不在于拥有真理，而在于追求真理。真理，是永远不会过期的。我们今天为了追求真理所付出的每一分努力，都会在未来某个时刻得到回馈。秉持这样的态度，也能让我们不被眼前的得失迷惑，始终能比别人看得更远，看得更透。

如果学习只是一种记忆的重播，
我们如何认知新的事物？

Chapter2

崇实精神

——“一切推理必须从观察与实验得来”

华生：让心理学成为一门自然科学

1878 年，华生出生在南卡罗莱纳州的格林维尔。

在孩提时代，华生就突显出了两大明显的特点——喜欢攻击和富有建设性。他曾经坦言，上小学时最喜欢的活动就是跟同学打架，“直到一个人流血为止”。

华生是个很有个性的人，他说自己上学时“很懒，有些叛逆，考试从来没有及格过”，“大学生活对我几乎没有吸引力……我不擅长社交，没有几个知心朋友”。

然而，就是这样一个人，却在日后改写了心理学的方向。

1903 年，华生获得芝加哥大学哲学博士学位，后在约翰·霍普金斯大学任教，在此期间，他开始探索行为主义心理学。

心理学的发展历经多年，由于其研究对象的复杂性和不确定性，在很长一段时期里，它都没有被认可，也没有独立的地位。随着工业

的发展和科学技术的进步，人类的生活条件越来越好，希望心理学独立的人也越来越多。但华生认为，传统心理学是无法自圆其说的，一直都在研究意识。作为行为主义学家，他决定放弃对心理意识的研究，不再去琢磨那些虚无的东西和难以统一的各种论断。不然的话，心理学将会永远站在自然科学的门外。

他发现，在医学、化学、物理学等成绩卓著的领域中，科学家在实验室里的每一项成就的性质都很重要：他们从实验室里剥离出来的每一个要素，都能够在其他实验室里以同样的方式剥离，且这些要素都遵循着科学的脉络。例如，镭、胰岛素、甲状腺素等，在相同性质的实验条件下，它们都能够被提取，且提取方法清晰明了。恰恰是这种严谨的、客观的实验方法，有力地推动着人类社会的发展。

华生开始思考：过去在研究心理学时，关注点一直放在无法被客观观察的事物上，这让观察者本身对意识的捕捉是心有余而力不足，使实验的过程缺乏客观性，实验的结论也经不起检验。既然如此，为何不换一个角度，从难以捕捉和分析的意识上抽离出来，直接观摩客观的行为呢？为什么要去研究分析那些缺乏客观性、规律性的意识，而不去阐释客观行为的规律呢？之前付诸了大量的努力，得出了什么结果呢？

华生提出，行为心理学的研究纲领，就是通过“刺激—反应”理论，观察、研究、解释、归类人的所有行为。很快，他的这种看法就遭到了反驳，有人称“行为心理学家正在大张旗鼓地宣扬自己的立场，试图把人类社会的一切感情、记忆以及信仰的真实性全部打破”。

面对反对的声音，华生依旧坚持自己的立场。他说，不能用旧瓶子装新酒，一旦旧瓶子坏了，新酒就会旧，必须为新酒准备一个新瓶子。他希望通过对人类行为的观察、分析，实现对人和动物行为的预测和控制，就像物理科学家试图通过对自然现象进行分析、研究，继而实现对自然的控制一样。

华生提出，要对人的行为进行预测和控制，一切都应当以实验为前提条件，由实验的方法得出的数据，在累积到一定量时，再对这些数据进行整合。之后，经过专业训练的人，可以通过外界给予的刺激，来对人和动物会出现的反应进行预测，并从一些反应中推测出引起这些反应的某种情境和刺激。

在行为心理学研究的事业上，华生一直秉承着实证精神，一切结论都是经过反复实验得出来的，用客观的行为观察代替了主观的意识内省，得出较为可靠的结果。这种客观的研究方法，也让不同的心理学家可依据共同的研究对象交流经验，相互验证。他提出的观点，在美国20世纪20年代心理学界居最优势地位。

1957年，美国心理学会授予华生荣誉时称，他的工作是“现代心理学的形式与内容的极其重要的决定因素之一……是持久不变的、富有成果的研究路线的出发点”。

美国哲学家、心理学家古斯塔夫·伯格曼在评价华生时，更是充满了赞誉："我认为虽然在五十年代他不像二三十年代那么受人瞩目，但约翰·华生在20世纪上半叶的心理学思想史上是仅次于弗洛伊德的人物。他的思想在心理学家中被广泛接受……他不仅是一个实验心理学家，还是系统的思考者和方法论者。尤其是在最后这个领域，他做出了重大贡献。"

在行为心理学的研究道路上，华生一直秉持着科学精神，注重实证。他的著作中记录了大量的研究实验，以及详细的实验过程，得出的每一个结论都是有实验依据的。如果实验无法得出确定的结论，他也会如实标注。他诠释了伽利略的那句箴言和警示："一切推理都必须从观察与实验得来！"

科学的结论来自观察与实践

任何一门科学，都应当遵从实证的精神，科学的结论一定要来自观察与实践，也只有用这种方式得出的结论，才经得起推敲。那些不是来自实践的结论，都不能称为科学。

2017年，科学家证实了引力波的存在。这时候，一个曾经提起过引力波概念的"民间科学家"站出来说，他在很久之前就说过引力波是存在的，但是没有人相信他，并开始借机炒作。

社会上的一些人，听闻此消息后也纷纷附和："人家早就提出了引力波的概念，当时没人相信还嘲讽人家，现在外国科学家也说引力波是存在的，你们就都信了，这根本就是对科学人才的漠视！"

其实，这就是缺乏崇实精神的表现。不是谁先站出来说"引力波是存在的"，谁就能够成为引力波的发现者；只有那些拿出真正的科学依据，去证明引力波确实存在的人，才是真正发现引力波的功臣。这才是最基本的科学逻辑，也是科学精神最直观的一个体现——唯有能够被证实的，才能够称得上是真正的结论。

有人听信每天最少要喝若干杯水的理论，超量饮水，结果导致水中毒；有人听信信号基站有辐射，会危害身体健康的理论，吵着闹着要把小区里的信号基站拆除掉，结果搞得整个小区断了手机信号；有人在日本核电站爆炸之后，听说盐能防辐射，生怕盐买不到了，于是冲进超市把盐买到脱销……

这些都是不理智的行为。试问：有谁真正去了解喝水理论的实验过程了？有谁看到信号基站有辐射的权威实验报告了？又有谁证明盐能防辐射了？任何一个没有实验依据的理论，都不足以成为结论；而任何一个科学的结论，都是经过反复的实验得出来的。

科学家们对于有性格的高黏度流体，向来都是如痴如醉的。1927年，澳大利亚昆士兰大学的帕奈尔教授，发起了一个牵动全人类近一个世纪的、超长时间的实验——沥青滴漏实验。他先是花了三年时间，让一小杯沥青彻底凝固成固体，再把装着它的容器剪开，让它开始滴漏。

实验的大部分工作都已经完成，剩下的就是观察：看起来是固体的沥青，到底何时才能滴下第一滴呢？等待这第一滴沥青滴下来，花费了教授 8 年零 11 个月，令人遗憾的是，那个时代没有录像机，教授也没能亲眼见证这个历史性的时刻。现在，这套试验装备依然被放在昆士兰大学。

从那以后，越来越多的学者开始把“观察沥青完整地滴下一滴”视为理想。1944 年 7 月 11 日，都柏林圣三一大学进行了类似的实验。实验者用摄像机进行记录，直到 2013 年 7 月 11 日，足足等了 69 年，他们第一次拍到了沥青液滴的滴落。

沥青滴漏的实验，看起来真的是无聊至极了，但它并不是没有意义的。帕奈尔教授当初发起这个实验，就是希望他的学生们明白，那些看起来像是固体的物体，也有可能会流动。对于看热闹的群众来说，这个实验可能就是一个故事而已，可对于千千万万投身于科学研究的学者们而言，这却是上下求索的必经之路。

科学，不止于定性描述的层面，直观和感觉很难把握事物的本质与规律，唯有理性精神才能超越此岸达到彼岸。科学精神是发现规律、揭示本质的理性思考，不仅要回答是什么，还要回答为什么，尊重事实进行符合逻辑的思维，是科学的重要品质。

秉持精确思维，杜绝“差不多”

科学精神，要求我们在做事时，秉持严谨的态度，具备精确的思维。

麦当劳能把汉堡卖到全世界，它的成功背后，就离不开“严谨”与“精确”。

麦当劳严格要求牛肉原料必须挑选精瘦肉，牛肉由83%的肩肉和17%的上等五花肉精制而成，脂肪含量不得超过19%。绞碎后，一律按照规定做成直径98.5㎜，厚度5.65㎜，重量47.32g的肉饼。

麦当劳的柜台高度都是92㎝，根据科学测定，无论高矮，人们在92㎝高的柜台前掏钱感觉最方便。柜台必须设在后门入口处，顾客可以不经过柜台到达餐桌，这样就能够免除不购物者的尴尬。

麦当劳的可口可乐均为4℃，因为这个温度的可乐味道最甜美。麦当劳的面包厚度是17㎜，面包中的气泡均为0.5㎜，这样的面包在口中咀嚼时味道最好，口感最佳。

这些仅仅是挑选出的一部分内容，但我们已经能够明显地感受到，麦当劳对食品和服务的每一处细节的要求都十分精确。而很多中餐食谱，往往都是这样的表述：油适量，盐根据口味酌量添加、料酒少许……这就是差异。

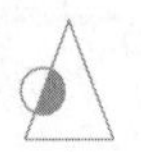

当然，差异不是对错，中餐食谱给了每一个做菜的人发挥主观能动性的空间，所以中餐好吃不好吃，不是看馆子，而是看厨子。一人一味，或许也是中餐博大精深的地方。但也正因为此，才使得中餐难以形成标准化的运作模式，很难创造出世界级的连锁餐饮店，这就是缺少精确思维带来的弊端。

今天的世界，是科学的世界，是数字化的世界。精确，不仅是对科研工作者的要求，也是对绝大多数人的总体要求。遗憾的是，在这方面，很多人还没有“转过弯”。胡适曾经写过一篇文章，叫《差不多先生传》，里面有这样的描述：

差不多先生的相貌和你和我都差不多。他有一双眼睛，但看的不很清楚；有两只耳朵，但听得不很分明；有鼻子和嘴，但他对于气味和口味都不很讲究。他的脑子也不小，但他的记性却不很精明，他的思想也不很细密。他常常说：“凡事只要差不多，就好了。何必太精明呢？”

他小的时候，他妈叫他去买红糖，他买了白糖回来。他妈骂他，他摇摇头说:“红糖白糖不是差不多吗？”他在学堂的时候，先生问他:“直隶省的西边是哪一省？”他说是陕西。先生说：“错了。是山西，不是陕西。”他说：“陕西同山西，不是差不多吗？”

后来他在一个钱铺里做伙计，他也会写，也会算，只是总不精细。

十字常常写成千字，千字常常写成十字。掌柜的生气了，常常骂他。他只是笑嘻嘻地赔小心道："千字比十字只多一小撇，不是差不多吗？"

有一天，他为了一件要紧的事，要搭火车到上海去。他从从容容地走到火车站，迟了两分钟，火车已开走了。他白瞪着眼，望着远远的火车上的煤烟，摇摇头道："只好明天再走了，今天走同明天走，也还差不多。可是火车公司未免太认真了。八点三十分开，同八点三十二分开，不是差不多吗？"他一面说，一面慢慢地走回家，心里总不明白为什么火车不肯等他两分钟……

现在距离1919年胡适写就这篇文章，已经一百年的时间了。然而，差不多先生从我们身边消失了吗？恐怕并没有。

有人乘坐高铁，耽误了发车时间，就顺手殴打阻拦他进站的工作人员，还强行扒着火车不让火车出站。他之所以会这样做，就是因为他认为：高铁三点钟停止检票，我三点零五分来的，这不是"差不多"吗？

有人在高铁上占了其他人的位置，还坚决不让，原因也是他认为：我是11B，你是10B，这不是"差不多"吗？我坐你的座位，你坐我的座位，又有什么分别呢？

从过去到现在，"差不多先生"一直都存在。究其原因，还是由于缺乏精确思维，更缺乏对精确的敬畏。实际上，"差不多"思维，是一种反科学的思想。“差不多”意味着什么？意味着混沌不清，意味着不够严谨，而科学必须是精确的，正所谓“失之毫厘，差之千里”。

有效地使用精确化的符号工具

人类对于外部客观世界的认知程度与精确度密切相关，认知的精准度越高，科学精神就越强。

过去多年，我们的科学技术落后于发达国家，就是因为在我们的传统中，对精确的重视程度不够。现在情况发生了转变，我们开始认识到科学的力量，也开始强调科学精神的重要性，但那些天长日久沉淀下来的模糊思维，依然会不时地跳出来露个脸、捣个乱，似乎在提醒我们，还需要进一步地提高意识，建立纯粹的科学精神。

随着对世界的认识越来越深入，我们会发现一个不争的事实：模糊思维的局限性越来越大，越来越难以适应今天的社会发展。特别是当我们无法有效地使用精确化的符号工具，在今天更是寸步难行。建立精确思维，就需要精确的符号工具。

古代的农民，日出而作，日落而息。所谓“日出”，就是“太阳出来的时候”，是一个模糊的符号工具，在古代使用没有问题。可是今天，我们还能根据太阳的高度来判断出门的时间吗？肯定不行，因为社会规则要求我们，要用更准确的符号工具来表达，我们必须要在“8 点半”

准时到单位。晚了一分钟就算迟到。这就是精确化的符号工具和精确化的思维，容不得半点马虎。

我们不仅在时间上要有精确思维，语言表达也需要更加精确。现如今，我们去看古代人写的许多文章，文采自然不必多说，立意也很高远，但似乎总是差了那么一点精确化的东西，即使是大臣写给皇帝的奏折，按道理也是要准确地表达某一事件的，可我们回过头去看这些奏折时，会发现里面有大量的模糊化的用语，什么“损伤过半”“大雨如注”“灾民遍野”，这些都不是准确的用词。

明代的皇帝朱元璋，手下有一个臣子叫茹太素，这位大臣给皇帝上了一道奏折，弯弯绕绕有近两万字，皇上看得头晕眼花，让中书郎王敏念给他听。结果，念到一半了还是在讲废话，这可把朱元璋气坏了，当时就下令把茹太素拖过来打板子。朱元璋是一个英明的君主，打完了板子，奏折还是得听。第二天，总算把他的折子看完了，并从中提炼出了五条建议，其中四条都被采纳了。

有话不直说、有事不明说，这是模糊化思维下的一种奇怪现象。到了今天，这种现象越来越少了，我们看现在的报告性文章，里面大都是以数据和实例讲话的，这就精确了很多。可正如我们前面所讲，尽管情况发生了变化，但是这种模糊化的思想，依旧藏匿于我们心里

的某个地方，总在某些不需要模糊的事情上悄悄地发挥着效用。

那么，怎样才能够强化我们的精确思维，实现精确思考和精确表达呢?

第一，在思考或表达一件事时，精确地勾勒出现状。

现状是已经发生的、可以测量的，很容易实现精确表达。在描述现状的时候，我们要尽量多用数据、实例和成熟的专有名词，少用一些模糊化的用语。

第二，精确地勾勒出现状之后，找出确切的问题。

想准确地找到问题，一是需要个人的分析能力，二是需要专业的科学素养。个人能力很难在短期之内改变，可是科学素养，也就是我们所说的科学精神，只要在找问题的时候把握住八个字的精髓便能够保证不偏离正轨——深入研究、实事求是。

第三，针对确切的问题，提出有针对性的方案。

问题明确了，接下来就要准备方案了。我们经常会在一些方案中听到这类描述：面对困难，在接下来的一年中，我们要精诚团结、自力更生、不断进取、勇攀高峰。这个方案对不对?对，做好事情，确实需要这些东西来支撑。可问题是，具体要怎么做呢?方案中并没有说出来，还得靠个人领会。

每个人的立场不同，领会能力也不同。领会到精要，做到位了，就说是方案的功劳;领会得错了，没有做好，就说是没有按照方案执行。

这种逻辑行得通吗？完全是通过模糊化的处理，给了类似的方案一个不败之地。说到底，是一个责任归属的问题。有时候方案模糊，并不是能力的问题，而是没有一个明确的责任划分，这也是科学精神缺失的表现。

如果我们在处理任何一件事时，都能做到精确地表述现状，找出确切的问题，拿出具体可执行的方案，那不仅可以强化我们的精确思维，也能让我们更精确地投入到行动中，让付出发挥实效。

理论与实践，两者要并肩而行

很多人都知道，钱学森是中国航天之父，为中国航天事业的发展奠定了坚实的基础。然而，很多人不知道的是，钱学森在晚年对另外一项事业情有独钟，那就是沙产业。

钱学森对沙产业的关注，可以追溯到20世纪60年代初。当时，钱学森经常到西部沙漠地区研究新中国的火箭、导弹试验。看到西部环境的贫瘠恶劣和人民生活的艰苦，钱学森就萌生了要“用科学技术改造沙漠戈壁，让沙漠戈壁为人类创造财富”的想法。他利用业余时间考察了沙漠，发现“沙漠戈壁并不是一片荒凉，而是有不少其他地方没有见到的动植物”。此后，沙产业就成了钱学森心中挥之不去的课题。

1984年8月20日，钱学森公开发表了《创建农业型的知识密集产

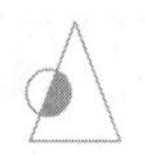

业——农业、林业、草业、海业和沙业》一文。1991年3月11日，他又进一步明确了沙产业概念，“沙产业就是在不毛之地上搞农业生产，而且是大农业生产，是一项尖端技术”，也就是“利用现代生物技术的成就再加上水利工程、材料技术、计算机自动控制等前沿高新技术，能够在沙漠、戈壁开发出新的、历史上从未有过的大农业，即农工贸一体化的产业生产基地，创造上千亿元的产值”。

一位企业家在阅读了钱学森的著作之后，开始思索：沙漠真的有那么大的潜力可以开发吗？当时，钱学森的理论还停留在纸面上，没有任何可以借鉴的先例。思来想去，他决定用实际行动亲自求证这套理论是否可行。

于是，他来到内蒙古自治区通辽市奈曼旗白音他拉镇。这里是科尔沁沙漠的腹地，很长一段时间以来都是漫天黄沙、寸草不生，可谓是世界上最贫瘠的地区之一。但实际上，这个地区原本并不是这般样貌，在很久以前，奈曼旗曾经是一片水草丰美的绿洲，河流从这里穿过，滋养了周边的万物生灵。只是因为后来周边的生态环境逐渐恶化，大风吹动着流沙汹涌而来，荒漠覆盖了绿洲，地面上的河流被沙子掩埋，成为地下河。于是，原本肥沃的土地，变成了生命的禁区。

为了在这里种出大米，企业家先是投资在沙漠地表以下大约30厘米的位置，铺设高科技塑料薄膜。如此一来，就保证了地表水不会向地下渗透，水土就不再流失了。这是一项大工程，投入的精力是巨大的，因为那里四处都是高低起伏的沙丘，根本就没有一块平整的土地。企业家就是在这样的环境中，慢慢地平沙治沙，才把数万亩沙漠改造成了良田，这其中付出的财力和精力，都是非常巨大的。

通过治沙，总算拥有了种植大米的条件，但谁能保证最后可以成功？答案依然是未知数，毕竟此前从来没有人做过这样的事情。企业家小心翼翼地把稻苗插进土里，经过了一个春夏的耐心等待，最终获得收获。

企业家所做之事的意义，不仅仅是他种植出了大米；更重要的一点是，他用实际行动证实了钱学森的理论是切实可行的。在整件事情中，钱学森和企业家都是可敬的，前者依靠自己的研究，平地起高楼，建立起一套完整的理论；后者敢于用行动去践行理论，去求证自己的判断。他们，都是值得敬畏的人。

马克思说过：“人应该在实践中证明自己思维的真理性，即自己思维的现实性和力量，亦即自己思维的此岸性。”理论与实践密不可分，没有理论的实践是蛮干，没有实践的理论是空中楼阁。对待一切理论和行动，要坚持使用实践来检验，在验证之前不轻信、不盲从，才是真正秉持了科学精神、实证精神。

打造行动力，让科学精神落地

保持求知欲很重要，但更重要的是行动力。因为大胆假设容易，小心求证却很难。

毛姆在他的读书笔记里，讲过一个故事：

东方有一个国王，想成为世界上最英明的君主，就下令让全国的贤士到各国收集智慧箴言，编纂成册供他阅读。

30 年后，贤士们带着 5000 册书回来了。国王忙于国事，没有时间看这么多书，要求贤士们再精选。15 年后，贤士们带着 500 册书回来了。国王还是觉得书太多，看不过来，贤士们走了。又过了 10 年，他们带来的书只有 50 册，国王却已经老得连读 50 册的精力也没有了。他命令贤士们再一次甄选，要在一本书里为他提供人类智慧的精华。5 年之后，满头白发的贤士带着这本书回来了，此时的国王已经奄奄一息，连一本书也来不及读了。

故事的最后，毛姆说：没有一本一劳永逸的书，没有终极智慧在等你。

仔细想想，就算国王找到了那本代表终极智慧的书，也有大把的时间去读这本书，难道他就能够获得终极的智慧吗？不能。只是单纯通过读书，根本无法实现，终归还是要在行动中去领悟书籍中的智慧。所以，行动力也是科学精神的一个组成，只有理论的精神，算不得卓越的精神，只有去真正行动起来，才能让精神落地。

生活诸事，莫不如此。今天的疑问，可能会在将来得到解答，它的答案可能不是在书里得到的，而是通过与某人的接触，或是某个机缘巧合中的灵光一闪，突然领悟。无论怎么说，想实现一个想法，都必须要让自己行动起来。

电影《社交网络》中，有这样一个桥段：

扎克伯格一时兴起，觉得自己可以去做一个网站。这个想法是在某一天的下午产生的,他没有任何犹豫就行动了。这一天的晚上八点钟，扎克伯格回到宿舍，自己构思了一会儿。两个小时之后，他开始动手做 Face Mash。凌晨两点，他解决了网站最后一个难题。凌晨四点，该产品上线。不久之后，由于网站流量异常，弄垮了哈佛的校园网，惊动了校方的管理人员。算下来，从想法萌发到技术行动，他只用了六个小时，便完成了一款产品的设计、开发、上线。

《社交网络》的电影原型，就是 Facebook 的创始人扎克伯格，而在现实中，他也确实像电影中刻画的那样，是一个行动力超强的人。其实,就在扎克伯格想出了 Facebook 这套方案的同时,同校的另外两个人，也有和他差不多的想法，他们与扎克伯格唯一的差别，就在于没有及

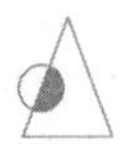

时把想法付诸行动。

当那两个人犹豫是不是要投入全部精力去行动的时候，扎克伯格已经开始行动；当那两个人在训练划艇时，扎克伯格的 Facebook 已经上线了；当那两个人看到扎克伯格的产品，认为扎克伯格是剽窃了他们的创意，开始着手给扎克伯格发律师函的时候，扎克伯格的网站已经走出了哈佛大学，开始在耶鲁大学、哥伦比亚大学和斯坦福大学等名校传播开了；当那两个人去找哈佛大学校长萨默斯告状时，扎克伯格的 Facebook 已经覆盖 29 所学校、拥有 7.5 万注册用户。

到了这个时候，就算那两个人再行动，也已经晚了。因为，扎克伯格已经占据了先机。第一个登顶的人，总是占据着主动的位置，后来者想要赶上他，要付出十倍的努力才可以。更何况，这个先来的人，本身就比你更努力，你要怎么超过他？

至于扎克伯格，即使是在他自己的企业已经做大以后，他依旧保持着强大的行动力。社交产品上线初期，需要不断迭代。有一次，扎克伯格从同学那里得到了社交网站需要展示学生情感关系的启示后，立刻着了魔一样地赶回办公室，增加了这个功能。

实践是检验真理的唯一标准。要知道一个理论究竟是否科学、是否切实可行，必须要在“执行”环节中去验证、去鉴别。科学的精神要求我们，必须尊重实践并积极参与实践，以实践作为科学认识的来源、动力、标准和最终目的。

所谓的小心求证，指的不是畏惧不前，而是指要在大胆的假设和积极的行动中，通过不断的尝试来求证自己的判断是否正确。如果没有行动力，就没有求证的机会，自然也就谈不上小心求证了。

在实践中追求人生的意义与价值

生长在西藏的青稞，不仅绿色安全无污染，且营养价值非常丰富。一位叫江红的企业家，得知了青稞的种种好处后，就开始思考：为什么不把青稞卖到外地去呢？

要知道，这并不是一件容易的事，因为很多外地人并不喜欢吃青稞。为此，江红就想：能不能先把青稞做成大众比较容易接受的食物，再进行销售呢？

江红的第一个想法，就是把青稞做成麦片，可她不知道青稞是不是可以做成麦片，只能试一试再说。于是，江红联系到了一家生产麦片的企业，希望对方可以帮自己试着生产一些青稞麦片。费了好大一番力气，对方总算答应了，同意先用 20 吨青稞做个试验。

20 吨青稞，听起来不少，但在食品工业化的车间里，也就是机器转几圈的事儿。没想到，转这几圈转出事来了！对方告诉江红，青稞与麦子的密度、硬度、湿度都不一样，想要用青稞做麦片，得重新调试机器，再把机器清洗一遍，以防和之前的大麦麦片相互混淆。总而言之，就是准备工作十分复杂。

如果仅是准备工作复杂的话，其实还算不了什么。真正的难处在于，青稞的硬度太高了，平时运转平稳的设备，转起来后突然剧烈地震动起来，带着楼板都跟着震。最后，千言万语一句话：用青稞做麦片，实在是无能为力！

青稞如此地倔强，不肯屈服于机器的力量；江红也同样倔强，虽然第一个计划失败了，可她并不愿就此罢手，又开始努力寻找新出路。既然做不成麦片，能不能把青稞面做成面条呢？据考证，到今天，面条在中国已有四千多年的制作食用历史：武汉的热干面、内蒙古的焖面、山西的刀削面、北京的炸酱面、兰州拉面、重庆的重庆小面、上海的阳春面、东北的冷面……每一种面条都深受各地人们的喜爱。如果把青稞做成面条，不正好符合人们的饮食习惯吗？

想法是挺好的，可就当时的情况来说，这也是难以实现的。青稞本身属于粗粮，做成面粉之后，黏性不足、劲道不够，直接用青稞面做面条，一下锅就都散了，变成了一锅青稞面糊，怎么吃呢？

在一次机缘巧合之下，江红认识了国内著名的酵素专家，她把自己想要做青稞面的想法跟这位专家讲了之后，专家也很感兴趣，并对她说：“或许，可以通过添加酵素的方式，增加青稞面的黏性。只要黏性增加了，青稞面就可以做成面条了。”

这番话犹如黑暗中的一缕阳光,给了江红无限的希望。从那天开始,她就和专家一起投入了制作青稞面条的研究工作。方法是有了,但成功不是一朝一夕的事。由于酵素对发酵时间、温度、湿度的要求非常严格,青稞又与一般的农作物有很大的不同,她们总是找不到合适的菌种和适宜的环境,要么是难以发酵,要么是发酵之后口感太酸,想获得完美的结果,实属不易。

江红没有气馁,她坚信这条路是走得通的。所以,她一直在坚持实验。皇天不负有心人,四年之后,她们终于找到了通过酵素制作青稞面条的诀窍。江红还发现,利用酵素技术做成的青稞面条,不仅口感好,且对肠胃有一定的保护作用,还不容易变质。

江红的青稞面条上市之后,很快就赢得了消费者们的喜爱。就这样,江红成为青稞面第一人,她的事业也走上了康庄大道。

江红是第一个将"做青稞面"的想法付诸实践的人,她遇到了一个又一个困难,且都没有经验可循。在这样的情况下,她最后依然成功了。这份成功得益于两点:一是无论遇到什么样的困难,她始终都没有逃避,而是以实际行动去面对;二是她坚持以科学思维为指导,用合理的方法去解决困难。

不是只有伟大的科学家才能去追求真理、发现真理、用实践去检验真理,每一个像江红一样的普通人,只要善于发现和思考,在困难面前矢志不渝,坚持科学的方法,也可以追求真理,实现自己

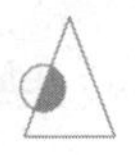

的人生目标。许多定理、定律、学说的发现者、创立者，都是从细小的司空见惯的现象中看出问题、不断发问、不断解决疑问、追根求源，最后才把“问号”拉直变成“叹号”的，他们能做的，你我一样也可以。

或许，解放了自己，
才能解放事物和它们之间的联系

Chapter3

探索精神

——“人的天职是勇于探索真理”

牛顿：夜以继日地思考，探索自然奥秘

1643 年 1 月，一个男孩诞生在英格兰林肯郡伍尔索普村的一个农民家庭。他出生时体重只有 3 磅，家人都担心他是否能够活下来。那个时候，谁也没有想到，这个看起来微不足道的小孩儿，将来会成为震古烁今的科学巨人。

我们上面说的这个人，就是大名鼎鼎的科学家牛顿。在牛顿出生前三个月，他的父亲就去世了。在他 2 岁那年，母亲改嫁。之后，牛顿就一直由外祖母抚养。11 岁时，母亲改嫁的丈夫去世，牛顿重新回到母亲身边。

牛顿从 5 岁开始就进入公立学校读书，12 岁进入中学。年少时的他资质平常，成绩一般，但他喜欢读书，喜欢看一些介绍各种简单机械模型制作方法的读物，从中得到启发后，自己动手制作一些奇怪的小玩意，如木钟、折叠式提灯等。有一次，他看到别人家的房子附近

在建风车，就开始琢磨风车的机械原理，把原理摸透后，他自己也制造了一架小风车。

之后，迫于生活压力，母亲让牛顿停学在家务农。牛顿对务农没有兴趣，一有机会就去看书。他这种好学的精神感动了舅父，舅父劝服牛顿的母亲让他复学。终于，牛顿重新回到学校，如饥似渴地汲取书本上的知识。

19 岁那年，牛顿进入剑桥大学。在那里，他开始接触大量的自然科学著作，经常参加学院举办的各类讲座，如天文、地理、数学、物理等。他的第一任教授巴罗博士独具慧眼，看出了牛顿有深邃的观察力、敏锐的理解力，以及强烈的探索欲，就把自己在数学方面的大量心得和方法，都传授给了牛顿，并将牛顿引向了近代自然科学的研究领域。回忆起这段往事时，牛顿说："巴罗博士当时讲授关于运动学的课程，也许正是这些课程促使我去研究这方面的问题。"

在数学方面，牛顿自学了欧几里得的《几何原本》、笛卡尔的《几何学》、沃利斯的《无穷算数》，它们将牛顿迅速引导到当时数学的最前沿——解析几何与微积分。1664 年，牛顿被选为巴罗的助手；第二年，剑桥大学授予牛顿学士学位。

就在牛顿准备留校继续深造时，鼠疫爆发了，席卷了整个英国，剑桥大学被迫关闭，牛顿离校返乡。家乡的静谧让他的思想展翅飞翔，这段时间成为牛顿科学生涯中的黄金岁月，他的三大成就——微积分、万有引力、光学分析的思想，全都是在这个时期孕育出来的。可以说，此时的牛顿已经开始绘制他一生多数科学创造的蓝图了。

1667 年复活节后不久，牛顿重新回到剑桥大学。翌年，牛顿获得硕士学位，同时成为高级院委。1669 年，牛顿晋升为数学教授。不过，他并不太擅长教学，学生们很难理解他讲授新近发现的微积分，但他在解决疑难问题方面，却远超于常人。作为大学教授，牛顿把所有精力都放在了科学研究上，在生活上不修边幅，也终生未娶。

1707 年，牛顿的代数讲义经整理后出版，定名为《普遍算术》。此外，他对解析几何与综合几何都有贡献。他的数学工作还涉及数值分析、概率论和初等数论等众多领域。相比这些，他最为人们熟知的贡献，是著名的万有引力定律和牛顿运动三定律，这应该是在他自然科学中最辉煌的成就了。牛顿运动三定律是构成经典力学的理论基础，这些定律是在超多实验基础上总结出来的，是解决机械运动问题的基本理论依据。

在光学方面，牛顿也取得了巨大的成果。他指出，世界万物之所以有颜色，不是其自身有颜色，而是各种物体对不同颜色的光的折射率和反射率不同，才造成物体颜色的差别，揭开了颜色的奥秘。同时，牛顿还提出了光的“微粒说”，认为光是由微粒构成的，且走的是最快速的直线运动路径。他的“微粒说”与之后惠更斯的“波动说”构成了关于光的两大基本理论。

任何一项伟大的科学发现，都离不开人的求知欲与探索精神。然而，在探索真理的同时，牛顿也一直秉持着谦虚谨慎的美德，以及一丝不苟的学风。对于自己在科学上获得的伟大成就，他从不沾沾自喜，更不会急忙出版著作，以求扬名于世。

在牛顿费尽心血计算出“万有引力定律”后，他没有立刻发表，而是继续孜孜不倦地深思了数年，埋头于数字计算之中，从没有对任何人说过一句。后来，他的朋友哈雷，就是那位发现彗星的大天文学家，在证明一个关于行星轨迹的规律遇到困难来请教牛顿时，牛顿才把自己关于计算“万有引力”的书稿拿给哈雷看。

哈雷看后，明白了自己所要请教的问题，恰恰是牛顿早已解决的问题，内心钦佩不已。他奉劝牛顿尽快发表这部伟大的著作，以造福于人类。可牛顿却不敢草率，又经过了长时间的一丝不苟的反复验证和计算，确认正确无误后，才将《自然哲学的数学原理》发表于世。

有人问牛顿：“你获得成功的秘诀是什么？”他说：“假如我有一点微小成就的话，没有其他秘诀，唯有勤奋而已。假如我看得远些，那是因为我站在巨人的肩上。”

多么意味深长的一番话啊！它生动地道出了牛顿在科研方面的成就的“秘诀”，实则也是所有献身于科学、秉持科学精神者共有的特性，那就是在前人研究成果的基础上，不断地探索、勤奋地创造，秉持谦虚而谨慎的态度，夜以继日地思考着星辰的旋转，宇宙的变化，在忘我的境界中找寻造福于人类的道路。

1727 年 3 月 20 日凌晨,牛顿病逝。英国诗人波普为他写的碑铭:“自然和自然的规律，都藏在黑暗的夜间；上帝说‘让牛顿降生’，使一切变得灿烂光明。”

探索真理的道路，从来没有捷径可走

《手可摘星辰》中有句话说：“人之所以脱颖而出，就是因为有一种对未知探索的精神。”

人从小就有探索未知世界、环境、自然和社会的欲望，也正是这种强烈的欲望，引导着人们在探索中前行。从童言无忌到博览世界，从小河流水到海纳百川，人类无时无刻不在前进着，但总有一些人走在最前端。

他们，可能是科学的启蒙者、贡献者和思想传递者；可能是向未知事物探索的倡导者、行动者；也可能是科学技术的发明者和创造者。他们走着相似却又不完全相同的道路，但他们都有一个共同的特点，就是在探索中前行。

马克思说过，科学的道路上没有平坦。探索，注定是一场艰难的旅程。

 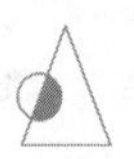

哥白尼通过探索发现，宇宙的中心不是地球，地球和其他行星一样，都是围绕着恒星转动的。这原本是客观的事实和真理，可由于当时哥白尼所处的时代是由西方教皇统治，这样的观点无疑打破了教会的封建思想。然而，哥白尼不畏压力，他依旧致力于天体的研究。经过不断地探索，通过日日夜夜地对星空的观察，对无数的数据进行记录，他终于发表了“日心说”的正确论断，为人类历史的发展做出巨大贡献。

哥白尼的成功中，凝结着过人的勇气和信心。另一位伟大的探索者布鲁诺，继承和发扬了哥白尼的学说，把天文学的研究又向前推了一步。不幸的是，他最终被封建教会视为“异端”，遭到逮捕。即使面对残酷的迫害，布鲁诺也没有放弃真理，火刑也没能让他屈服。就在临刑之前，他依然自信地说：“火并不能把我征服，未来世界会了解我，会知道我的价值。”

是的，如果没有足够的勇气，如何能在封建思想的重重枷锁中，坚持走向真理？如果没有足够的信心，如何能在旧势力的污蔑和迫害下，依然坚持自己的正确论断，直至生命的最后一刻？无论是哥白尼，还是布鲁诺，他们的探索精神、坚持真理的精神，都是值得敬畏的。他们从未停下探索的脚步，也从未丧失理性的一面，对事物没有任何偏见，坚持真实存在的一面，不为自己的某些利益而宣传错误的理论。

日心说的意义在于，它推翻了教会的地心说理论，并打击了教会的黑暗统治，让教会对人民的残酷打压受到了动摇。与此同时，它又将天文学向前推进了一步，让真理出现在人们眼前，而不再被愚昧所蒙蔽。

鲁迅先生说："第一个吃螃蟹的人是很令人佩服的，不是勇士谁敢吃它呢？像这种人我们应当极端感谢。"这是他对前人的探索精神的高度评价，也是对那些献身于科学，献身于真理的探索者们由衷的敬畏。

探索之路是曲折的，需要勇气和信心，更需要远大的理想，以及崇高的信念。后者也是探索者必备的条件，就如马克思和恩格斯，他们无不是怀着为人类解放而斗争的崇高信念，致力于社会发展的研究；就如那些在探索中牺牲家庭乃至生命的科学家，无疑也是带着造福于人类、科技强国的远大理想，才能做到发自内心的无怨无悔。

科学是一种动态的知识体系，科学活动是一项无止境的探索活动。为真理而顽强不屈、不畏艰辛，甚至为此而献身的决心与行动，是所有探索者都应当具备的意识和态度。自然界奥秘的大门不会向任何人敞开，它需要我们付出勤奋、思考，历经无数的磨难，就如马克思所言："科学的入口处，正像在地狱的入口一样，必须提出这样的要求：这里必须根除一切犹豫，这里任何怯懦都无济于事。"

2002年底，"SARS"突如其来，这是人类的一场灾难。这是一种传染性很强的疫病，一时间没有特效的诊断办法和治疗手段，流行特点也不太清晰。“SARS”的肆虐，让全国都陷入严峻的考验中。面对危险，医护人员们冲锋在最前线，谱写了新时代一曲救死扶伤的人道主义颂歌。

与此同时，科技工作者们也开始了与“SARS”的正面交锋。这种从未见过的新型传染病，让广大科技工作者团结一致，攻坚克难。钟南山院士是抗击“SARS”的功臣之一，他勇敢地否定了权威部门关于“典型衣原体是SARS因”的观点，为广东行政部门及时制定救治方案提供了决策论据。世界卫生组织派出的专家组认为：以钟南山为首的广东专家摸索出来的治疗经验，对全世界抗击“SARS”有指导意义。

在昂扬的精神状态下，医护人员和科技工作者们，秉承求实的科学态度，与疫病进行着斗争。在防疫和治疗上，不畏艰难，勇于探索，始终尊重科学规律，采用科学方法，依靠科学手段，最终战胜了疾病。

科学探索是一项艰苦的求真和证伪的认知活动，从来都没有捷径可走，很多探索者都在披荆斩棘中前进。无论是为我们树起科学丰碑的牛顿、爱因斯坦，还是国内的大量科技英才，每一项科学奇迹或成就的背后，都饱含着科学家们殚精竭虑、持之以恒的思索，志存高远，兢兢业业，认真严谨的态度，以及锲而不舍、不畏艰难的决心和毅力。科学探索的路上，容不下任何虚假与浅薄，更是杜绝一切浮躁和投机。

科学就是不断提问，不断满足好奇心

真知源于物质运动的展现，源于人之精神——好奇心的发展。

翻开人类科学探索的历史，从蒸汽机到电动机，从热气球到宇宙飞船，从钻木取火到使用核动力，无一不是依靠着人类的探索，推动着人类从愚昧野蛮走向文明进步。科学探索的过程，凝聚了人类的聪明才智、勤劳与汗水。人们为了打开“未知”的大门，除了竭尽全力，还深入到自然之中，摆脱一切偏见，始终实事求是，敢于向权威和传统挑战。科学家们在探索中表现出的那份强烈的热爱与好奇心，理性思考、锲而不舍的精神，更是值得赞誉。

科学探索的精神，既来自现实的需要，也来自人类的好奇心。当人类从原始宗教对自然现象的恐惧与崇拜中解脱出来以后，大自然绚丽多彩、变化万千的种种现象，激发起了人类的好奇心和寻找其中奥秘的欲望，当人们由此开始执着地探索，并试图了解我们所处的世界时，科学就开始了它漫长的历程。

好奇心和求知欲是科学之母。诺贝尔物理学奖获得者薛定谔曾说：“好奇心是一种刺激。对于科学家而言，首先就要求他必须是好奇的，他必须能感到惊奇并渴望发现。柏拉图、亚里士多德和伊壁鸠鲁都强调了惊异的重要性，当涉及世界作为整体这样普遍的问题，就更为重

要了。因为的确，世界只给我们一次，我们没有其他可与之相比的问题。”

我们都吃过石榴，但很少有人留意过石榴籽的形状和排列。伟大的物理学家开普勒，在17世纪就观察了石榴籽的形状：最初石榴籽是球形的，随着它们慢慢长大，任何一粒位于中心的石榴籽周围都紧贴着另外的12颗石榴籽。于是，石榴籽就变成了12面体。不过，这12面体并不是由12个五边形组成的，它类似风筝的形状，这种形状被称为菱形12面体。

我们的生活中有不少揭示自然奥秘的现象：一层层摆放的球形水果，最节省空间的就是六边形，此时层与层之间彼此契合在一起，每颗水果下面都有3颗水果托着它，合在一起，这4颗水果就构成了一个四面体的4个角。

这些东西在常人眼里并不算什么，可对于科学家而言，却能引发大量的思考。开普勒对此就很好奇，他猜想：是不是有比六边形排列更节省空间的呢？带着这份好奇心，他又开始对石榴籽内部进行观察，在此过程中，又联想到了雪花有6个花瓣的问题。

直到1912年，X光结晶学诞生，他终于弄清楚，上述问题与水分子的结构有关。水分子的球棍结构跟水果的摆放方式有很多相似之处。冰晶中呈现出的六边形，是构成雪花形状的关键。所以，开普勒的直觉是对的：水果的堆放和6瓣雪花之间，的确存在某种关联。随着雪花逐渐形成，水分子依附在六边形的6个顶点上，也就形成了雪花的6个花瓣。

科学，就是在这样的一点点好奇与探索中，逐渐深入、逐渐发展的。好奇心和求知欲，是科学探索精神的开始；渴望揭开自然之谜，不断求解新的难题，是推动科学不断进步的内在动力。丧失了好奇心，就等于丧失了构建自身科学精神的基础。

正因为有了好奇心，牛顿才会在看到苹果落地时，触景生情，探求其中的道理，从而发现“万有引力定律”；正因为有了求知欲，伦琴才会对实验中产生的奇异荧光产生兴趣，追根究底，从而发现“X射线”。

不过，科学能指导我们的，不仅仅是宇宙飞船上天、深水潜艇下海、生命工程、未来能源，生活在今天这个世界里，做任何事都离不开科学的指引。在单位以高效率的方式工作，需要科学的统筹；在家里养育孩子，需要科学的教育；在行业中想要更上一层，需要相关行业系统的科学认识。科学精神可以指导我们拥有高效的工作和优质的生活，它与每一个人息息相关，而培养科学精神的第一步，就是保留和延续那一份难能可贵的好奇心。

保持对未知世界永不停息的热情

好奇心是所有科学精神生根发芽的土壤，也是科学精神里最为宝

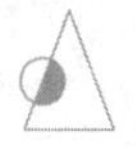

贵的一环。

每个人自出生起就有好奇心。不信你看，孩子总是对这世界充满了好奇：好奇山峰为何如此高耸，好奇海洋为何如此广阔；好奇日月星辰由谁拨动，好奇雷霆雨露归谁掌控；好奇大树的叶春绿秋黄，好奇面颊的风夏暖冬凉。好奇让人类的先祖执着探索，拥抱想象；好奇让孩子的眼睛充满渴望，清澈明亮。科学精神，就在这好奇的探究中，悄然萌发。

好奇、探究，是人类的天性。我们总是对未知的事物特别注意，并且愿意去追根溯源，探究事物运行的规律。可以说，好奇心是个体学习的内在动机之一，也是个体寻求知识的动力。遗憾的是，在成长的过程中，有些人的好奇心被消耗殆尽了。好奇心逐渐退化，也就失去了学习的冲动，对任何事都只满足于知其然，而不会进一步努力去知其所以然。

纵观那些在各个领域做出极大成就的人，我们会发现，他们都是对未知事物充满探索精神的，也都拥有胜过常人的好奇心。因而，他们才变得更聪明、更富有创造性。那么，如何才能够保留住我们那与生俱来的好奇心呢？

保持好奇心的第一个秘诀：放弃定式思维，培养突破性思维。

孩子之所以能较长时间地保持好奇心，一是因为天生好奇，二是因为他们没有定式思维，每一次好奇地探索，都能给他们带来一次新的突破，开辟一片新的天地。这是对于好奇心的一种“奖赏”，也是心理学上所说的“正反馈”。

然而，随着年龄的增长，好奇心带来的“直接收益”会越来越低，有时我们充满好奇地在某件事情上探索了很长时间，但这种探索在短期内并没有带来什么价值，这种现象的出现，让我们开始在潜意识里否定好奇的作用，因而逐渐对探索一个新的领域失去兴趣。在处理和认识事物的时候，我们开始越来越多地用老眼光、老方法去面对，思维定式就此形成。

那些真正有所成就的人有一个共性，那就是无论年龄多大、成就多大，始终保持着一颗赤子之心。什么是赤子之心？简单来说就是，像孩子一样好奇、像孩子一样热诚、像孩子一样充满活力。

乔布斯 30 多岁时就在思考：为什么人们到了自己现在这个年龄，或是更老一点时，就会形成定式习惯或思维？他说：“人们被束缚在这些固定轨道上，就好像留声机的钢针无法脱离唱片上的音轨。”

关于问题的答案，直到他 50 岁的时候才彻底解开。当时的他，已经身患癌症，可他还是在斯坦福大学毕业典礼的讲话上说出了自己的心得体悟：“我的偶像是斯图尔特·布兰德，他告诉我，永远要求知若饥，虚心若愚，希望我能够永远保持这种心态。而求知若饥、虚心若愚这两个词，可以用一句话来简单概括，那就是‘永远保持你的好奇心’！”

保持好奇心的第二个秘诀：拿出把事情搞明白的劲头。

比尔·盖茨的父亲老盖茨曾经写过一本书，叫《盖茨是这样培养的》。这本书里讲述了老盖茨与比尔·盖茨相处中的一些往事，以及他自己的一些人生感悟。

他在书中回忆道：比尔·盖茨对任何事都充满好奇，对于任何事情都想要搞明白，并找到解决问题的办法。有一次，比尔·盖茨在阅读了一篇新闻报道后问老盖茨："报纸上说，世界上因麻疹而造成的死亡很多很多，麻疹为什么会让人死掉？我们能为这件事情做什么？"

老盖茨说，当儿子如此问自己之后，他深感惭愧。虽然自己是个大人，但是孩子问的这些问题，他却从来没有思考过。最后，老盖茨总结说："在培养比尔·盖茨的过程中，我们教会了他很多，他也教会了我们很多，其中最重要的一件事情就是，要永远保持好奇心。"

比尔·盖茨之所以能在自己的领域取得巨大的成功，很关键的一个因素就是：他把自己儿时的好奇心保留到了最后。正是在好奇心的驱使下，比尔·盖茨才会对他那个年代的新兴事物——电脑，如此地热衷，并成为当年少有的电脑人才，最终创立了微软帝国。

我们可以这样说，任何伟大的、具有开创性的野心，最初都是由好奇心驱动的。

保持好奇心的第三个秘诀：不断学习、不断探索，让每一次好奇成功落地。

很多人也有好奇心，但通常只是三分钟热度，好奇了一会儿，很快就把这件事情抛之脑后了，根本不愿意为了解开自己的好奇而投入时间和精力。这样的好奇心，一来没有价值，二来不能长久。

实际上，很多有开创性的人，都有一种“打破砂锅问到底”的精神。一旦他们对某件事情产生了好奇，如果不能找出最终的答案，就会有食不甘味、寝食难安的感觉。这种说法并不是以偏概全，因为能够举出的实例实在太多。

哥白尼在中学时代，听说可以用太阳的影子来确定时间，他对此感到很好奇。于是，他自己想方设法地制造出了一个日晷。后来，他成为天文学家，创立了“日心说”。

动物行为学家古道尔，从小对动物就充满好奇，为了搞明白鸡是怎么生蛋的，他钻进鸡窝待了五个小时。后来，果然从事了与动物有关的职业。

李四光，小时候经常看着石头发呆，因为他怎么也想不通，为什么自然界中的石头如此多种多样？这种好奇心驱使着他展开了地质研究，后来成为地质学家。

也许，我们难以成为名留青史的伟大人物，但我们一样可以保持好奇心，让自己的触角能够接触到更远的地方。生活在同一个世界里，我们可以选择如何看待身边的世界，可以思考如何才能让生活变得更好。看似平淡无奇的事物，一旦你选择了深入地去了解，并对它们产生好奇，其实就选择了让自己永远对未知的世界保持永不停息的热爱。

“异想天开”是科学探索的起点

“雪融化了是什么？”（问题）

“雪融化了是春天。”（孩子的回答）

“错，雪融化了是水！”（老师的解析）

上面这简单的三句话，是一个很多人都听过的故事。在孩子看来，雪融化了，就意味着春天要来了，这是他们对事物的理解，也是他们眼中的世界，更因为他们活在想象的世界里。老师给出的回答，无疑是符合自然科学的标准答案，可从另外的一个角度来说：教育是一个引导的过程，而不是命令式的说教，尽管“标准答案”只有一个，但不能因此扼杀和限制孩子的无限想象力。

爱因斯坦说：“想象力比知识更重要，因为知识是有限的，而想象力概括着世界上的一切，推动着进步，并且是知识进化的源泉。严肃地说，想象力是科学研究中的实在因素。”

科学是严谨的，但缺乏想象力的科学，却会阻碍我们前行。科学精神的内核就是敢于质疑经验、挑战权威，如果一味地听从或迷信权威和经验，想象力必然会受到束缚。哥白尼始终秉持着科学精神，大胆地提出“日心说”，对抗当时占据主流思想的“地心说”；伽利略发明天文望远镜，试图探索浩瀚的宇宙，带人类走出地球视野，这一切也离不开想象力的支撑。“异想天开”往往能为科学探索提供鲜活的命题和无限的遐想空间，把“异想天开”与严谨的科学求证结合起来，可能会取得更多原始创新的突破。

2018 年 8 月，《自然》杂志在线发表过一篇文章，描述的是中国科学院覃重军研究团队与合作者在国际上首次人工创建单条染色体的真核细胞，创造了自然界不存在的全新生命。有趣的是，这个被认为是继原核细菌“人造生命”之后的一个重大突破，最初的雏形就是覃重军多年前存在于脑海中的一个疯狂大胆的猜想。当时，很多人都说他是异想天开，可现在呢？这个“异想天开”却变成了现实。

科学研究领域很需要覃重军这样的“异想天开”。科技史已经用事实告诉我们，许多“异想天开”都是科学探索的起点，许多科学发现都是由此而来。150 多年前，法国科幻作家儒勒 · 凡尔纳，曾经在自己的作品《地球到月球》中描写了这样一个情景：3 名探险家乘坐一枚大炮弹飞上了月球。这也是他的想象，但后来真的有科学家受到启发，写成了世界上第一部研究以火箭解决星际飞行问题的科学著作。

在现实生活中，不少“异想天开”都被视为是脱离实际、好高骛远，但对于科研人员来说，多一点“异想天开”没什么不好，这意味着不局限于固有模式的限制，大胆地去想象，有可能会迸发出创新的火花。

德国气象学家魏格纳卧病在床期间，望着墙上的世界地图思考：

为什么大西洋两岸的弯曲形状如此相似？亚马孙河口突出的大陆刚好能填进非洲的几内亚湾；沿北美洲海岸到非洲海岸的凸形地带，它们拼合在一起，简直就像一块完整的大陆。这是巧合，还是原来的整块大陆被分割成几块了呢？

第二年秋天，魏格纳在一份材料上看到，南美洲和非洲、欧洲、北美洲等地区的蚯蚓、蜗牛、猿以及其他古生物化石，都有一定的相似性。这让魏格纳想起自己生病期间思考的那个问题，难道这些古生物都是飞过大西洋的吗？

魏格纳开始发挥自己的想象力，脑海里呈现出大陆的原始模样，以及后来如何分崩离析，像浮在水面上的冰块一样不断漂移，形成现在的格局。为了证明自己的想法，他不断地翻阅资料，仔细考证，最终提出了一个全新的地质结构学说——大陆漂移。

任何一种发明创造和事物的发展创新，都是经过对事物的知觉到初步的想象，最终完成实践求证的过程。列宁曾引用皮萨列夫的话说：“如果一个人完全没有这样幻想的能力，如果他不能在有的时候跑到前面去，用自己的想象力来给刚刚开始在他手里形成的作品勾画出完美的图景，那么我就真是不能设想，有什么刺激力量会驱使人们在艺术、科学和实际生活方面从事广泛而艰苦的工作，并把它坚持到底……”

想象力是所有计划的基础，借助头脑的想象力，各种渴望就有了形质，并能够付诸行动。我们不能扼杀想象力，限制想象力，它可以帮我们开启一扇未来之门。与此同时，我们也要谨记，得依靠理性去选择其中正确的一扇门。唯有把“异想天开”和严谨的科学求证结合起来，才能收获惊喜。

放心大胆地假设，小心谨慎地求证

科学精神讲究“从实践中来，到实践中去”，这就意味着，只有“异想天开”是不行的，它只是一个初步的假设，而假设只是对问题的一个超前、大胆地预测，是探索的开始。在有了假设之后，还需要依靠实事求是的科学态度，以及严谨的科学手段，对假设进行证明。

就像实现了创新突破的覃重军，他一直都在强调一个事实：他的“大胆猜想”是经过一系列严谨的科学实验才最终成功实现的。假设的意义是毋庸置疑的，但我们该如何正确地使用假设呢？

很多人在假设的时候，总是喜欢无中生有，历史上最著名的例子，就是岳飞的“莫须有”。

秦桧想杀岳飞，查了很久查不出岳飞违法的证据，最后“灵机一动”，采取了一个假设法，说岳飞谋反的事情是“莫须有”。也就是说，也许岳飞真的会谋反。靠着这个假设，风波亭岳飞殒命，大宋名将魂归天国。

秦桧的这个“莫须有”，就是空穴来风、无中生有的假设，是彻底

违背了科学精神的假设，这种假设本身就是不成立的，更不能作为定罪的证据。可是，岳飞偏偏死在了这个假设上，只能说朝廷昏庸，诬害忠良了。当然，秦桧最终也被唾骂千年，钉在了历史的耻辱柱上。

这个历史事件从侧面警示我们：假设法不能乱用，更不能在没有任何事实基础的前提下，凭着自己一厢情愿的想法进行假设。那么，在什么样的情况下，我们的假设才算是科学的呢？

答案就是，通过为数不多的事实和材料，经过思维加工而得出雏形假设。换而言之，我们的假设必须要有一定的事实基础，而且最为关键的是，此时所提出的假设，只是一个“雏形”，而不是最终的结论。

在提出假设之后，就要寻找证明，来验证自己的假设。很多人会提出假设，但在提出假设之后，就忘记了这仅仅是假设，还需要进一步的验证，假设是不能作为结论的。

有一位企业家，得知有机大米在市场上的价格可以达到每斤 40 元以上，利润很客观，他就假设：如果自己承包 1 万亩土地，每亩土地可以年产有机大米 800 斤，那么 1 万亩就是 800 万斤大米，可以卖到 3.2 亿元！想到这儿，老板激动了！马上去按照计划种大米去了。结果呢？到他投资稻米种植第 5 个年头，一共赔了 7000 多万元了！

这就充分体现了“假设不经验证就去执行”的不理性与可怕之处。明白了“假说为假”之后，我们就应该应用多方面的知识进行演绎论证，只有经过充分论证、充实，假设才能够成立。论证一个假说是否成立，一般要用到两种方法，归纳法和演绎法。

归纳法是英国人培根提出的一种方法。简单来说就是，通过观察个别事实，对案例进行抽丝剥茧地分析，概括出一般原理的一种思维方式和推理形式，其主要环节是归纳推理。归纳法中，最重要的部分是案例分析。我们在提出一个假说的时候，一定要基于这个假说，寻找到与之接近的案例，然后对这些案例进行深度的分析。

其实，不仅是方法需要归纳，我们的人生也需要归纳。当我们进入人生一个全新阶段时，肯定不是头脑一片空白闯进去的，而是带着以往的生活经验进去的。虽然以往的经验可能无法解决新阶段的所有问题，但我们不能说以往的经验毫无用处。通过归纳以往的经验，我们会找到过去与未来的某些联系,进而指导我们的行为。这就提醒我们，活在自己的世界里去创造、去发现，是万万行不通的，一定要善于归纳已有的信息，并且尽可能多地获取更多更全面的信息。

演绎法是笛卡尔提出来的，它的要诀在于——从虚拟到现实，从小事到大事。当一个假说提出来之后，先要在脑子里去预演这件事情的发展，觉得没有问题了，再把假说应用到一个小范围的实践中。比如，提出一个工作方法之后，先在脑子里把这个方法实践一遍。在这个过程中，充分考虑到此方法在执行过程中可能会遇到哪些问题？在脑子里演绎过后，还不能进行大规模推广，一定要先从小事着手，进行小范围的实验。这样做的目的，是降低损失，万一假说不成立，可以把

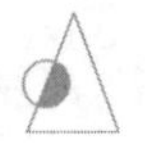

损失控制到有限范围内。

总体而言，从普遍现象到具体现象的统一，从个别现象衍生到普遍现象，正反结合，相互统一，才能让我们的每一个假说科学落地。

不要让认知闭合阻碍探索的脚步

《阿甘正传》里有句经典台词：Life is like a box of chocolates，you never know what you’re going to get（生活就像一盒巧克力，你永远不知道会得到什么）。这句话传递了一个观念：生活中充满未知，但也正因为未知的存在，才使得生活充满乐趣。

然而，在大多数人看来，生活的真相并非如此。那些充满未知的领域，并未让人感到愉悦，反倒会带来恐惧。比如：面试结束之后，面试官说回去等消息，未知的结果让人心焦；情书送出去之后，久久没有回音，未知的结果让人憔悴；辞职去创业，投入了所有的心血，未知的结果让人忧心……这些不确定的结果，比坏的结果更让人闹心，也更让人觉得可怕。正因为此，人们才会想尽办法去避免未知，甚至执迷于星座、占星、塔罗、算卦等。他们就是想通过这种方式，来摆脱对未知的恐惧，减少不确定感带来的煎熬。

逃避未知，让自己生活在舒适区里，得到安稳与太平。看似是一种美好的选择，却不知在做出这样的决定时，也丧失了竞逐新领域的勇气，以及探索新发现的可能。到底是利是弊，真的很难说清楚。如果你是一个安于现状的人，可能利大于弊；如果你还想有所突破、体验更多，自然就是有弊无利。

从主观上讲，逃避未知有利有害，取决于个人的选择。但从客观上来讲，一个人如果无限地逃避未知，就是落入平庸的开始；一个集体如果无限地逃避未知，就是这个集体堕落的开始；一个国家如果无限地逃避未知，也是这个国家衰落的开始。

这不是危言耸听，我们回顾中国最后的一个王朝——清朝，由于害怕来自海上的未知威胁，清朝干脆闭关锁国。仅仅两百年时间，中国就从那个郑和顶风冒雨、七下西洋探索世界的探索性国家，变成了一个浑浑噩噩不知外面世界已经是天翻地覆、风起云涌的封闭型国家。

由于害怕未知，那时的国家失去了科学精神。明朝的时候，我们还能制造出领先世界的航海工具——郑和宝船，中华舰船远航四海，那是何等的威风？到了清朝，发展了两百多年，当西方的钢铁战舰打到家门口的时候，我们才发现，自己的科技水平不仅远远落后于西方，甚至连当年老祖宗能够制造出的东西，竟也造不出来了！结果就是，中国迎来了长达一百年的屈辱史。

落后就要挨打，不是一句空话。从宏观的、长远的角度去看，一个人、一个集体乃至一个国家，必须具备探索未知的科学精神，才有可能走在他人前面，依靠自身强大的实力，远离“落后”和“挨打”的命运。

一个人是否具备探索未知的勇气，主要取决于他是否可以容忍“不确定性”。

探索未知，意味着要从现在所处的舒适区里走出去。走出去之后呢？可能会迎来一个更大的舒适区，也可能要面对种种的不如意。对不确定的容忍度较低的人，很害怕后一种结局，为了避免面对那个令人产生压力、恐惧的情形，他们干脆关闭了探索未知的大门。在逃避未知的同时，他们还会产生高度的认知闭合的需要。

什么是认知闭合呢？它指的是，个体在应对不确定的情境时，对于确定性答案的强烈愿望。事实上，每个人在遇到危险的时候，尤其是感受到外部威胁的存在时，认知闭合的需要都会显著上升。需要说明的是，那些引起我们认知闭合的，不仅仅是现实中实际存在的危险，就连想象中的危险，也会引起我们强烈的情绪和认知闭合的需要。

不夸张地说，认知闭合的心理，是阻止人们探索未知的最大的障碍。

具体来说，认知闭合带来的影响，可以分为两个阶段：第一个阶段：寻找已知。那些认知闭合心理比较严重的人，任何时候都会拼命搜寻所有能够获得的信息，不惜一切地核实和确认，希望能够获得一个确定的答案。

如果实在找不到确定的答案，就会进入第二个阶段：冷冻探索欲。在这个阶段，他们会逃避一切不确定的东西。这个时候，他们的科学精神已经丧失了，完全是依靠自己以往的经验去判断眼前的事物，简单来说就是依靠直觉来行事。

直觉是科学精神的头号敌人。当我们依赖直觉的时候，理性会丧失，感性会占据思想高地，人会变得患得患失、疑神疑鬼，进入到“闭关锁国”的状态中。这时候，我们无论做什么事，都会倾向于那些自己最容易做到、最能预料到结果的选择。

什么是最容易做到，又最能预料到结果的选择呢？

第一，保持现状不作为。

做一件事情，因为不知道会有什么后果，所以干脆不做。什么都不做的结果，显然是最容易预料的，保持现状。这种回避的选择，导致的后果可以用四个字概括——毫无进展。如果我们总是选择回避，就会陷入毫无进展的人生里，难以自拔。现在不少人都有所谓的拖延症，很多时候，拖延症也是源于对不确定性的回避，害怕自己做不好，就一直拖着不去做。

第二，想象最坏的结果。

有时候，由于害怕未知，没有探索未知的勇气，我们就习惯把未知想象成最坏的结果。这种情况经常会出现在认识闭合程度比较高的人身上。他们的心理承受力非常弱，同样是面对未知的世界时，别人可以气定神闲、不急不迫，他们却会百爪挠心、进退失据。

科学探索是一条艰难的道路，会遇到各种各样的未知情况，如果所有人都保持现状不作为，都在思索最坏的结果，那么科学、社会及

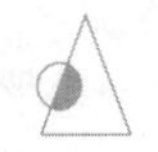

人类，还谈何发展？高铭在《天才在左疯子在右》里阐述了一种对未知的态度，那是一句值得谨记的箴言：

“面对未知不要害怕，而是要学会尊重未知的存在。其实那也是对自己存在的尊重。给自己一个尝试去了解、辨析的机会，也就才有思考和探索的可能。”

重建科学认知，勇敢面对不确定

无论是面对未知选择回避，还是面对未知想象最坏的结局，这两种表现都是缺乏科学精神的体现。如果从心理学角度来讲的话，这些人可能存在认知扭曲。所谓认知扭曲，指的是执着于一些并不存在或者完全错误的认知，继而导致负面的思考、情绪和行为。

当我们因为不确定性感到恐惧时，心理可能会出现以下变化：主动过滤掉了对自己有利的信息，放大了对自己不利的信息；产生极端思维，在对自己的认知中，成功失败两元论占据了主导，认为任何事情都只有两种结果，要么是大获成功，要么是惨遭失败，忽略了所有的事物都不是简单的正反两面，即使是失败，也有其积极的意义，陷入情绪化推理中。由于对未知的恐惧占据了上风，导致自己丧失理性认知的能力，对事物的所有判断都基于情绪。因为情绪是负面的，得出的结论自然也是负面的。

结果，越恐惧未知，未知就越显得恐怖，形成恶性的循环。

那么，如何走出认知扭曲，让理性认知和科学精神重新占领高地呢？

第一，抛弃负面的自我陈述和想象，用全新的方式与自己开展内部对话。

你可以问问自己，“一定会失败”的结论是从哪儿来的？有没有依据能够完全证明？你也可以尝试从小事开始，抛开成败的念头，放下“不成功就成仁”的执念，尽量去做，有一点光就发一点光，有一分热就发一分热。

用这样的方式去做事，你最后会发现，不是所有事情都如我们想象中那般可怕，不是所有的努力都最终会导向一个坏的结果。哪怕最后真的没有成功，你也会意识到，失败并不是一无所获，做的过程本身就有收获，而后果也不是那么难以承受的。

第二，学会保持正念。

所谓的正念，就是保持一个相对稳定的心态。把握当下，不惧未来，让客观公正的科学精神指引我们的言行，避免负面情绪影响我们的决策和执行。

第三，试着走出舒适区，容忍不确定。

只有能够容忍不确定的人，才能与他人建立良好的、融洽的关系。那些能够享受不确定的人，往往是充满好奇心和活力的，不会自我束缚，

也不会过度限制他人。他们往往有更多的正面情绪，因为生活就是充满未知的，就是在不知道接下来会发生什么的情况下，努力去把握住眼前的时刻，并尽可能地享受它。奥地利诗人里尔克说："要对你心里所有还未解决的事有耐心。"

对于不确定性，我们不仅要有耐心，还要有爱心。正是人生中的一个个不确定，不断地将我们引入全新的生活中，尝试别样的体验。

寻求科学真理，需要坚定不移的精神

曾有人问："科学家要想有所作为，需要具备的精神是什么？"

有人立刻想到了智力、才干、天赋，毕竟是要解释自然奥秘、攻克科学堡垒，难度可想而知，不是什么人都可以做到的，如果没有聪明绝顶的头脑、敏锐细致的观察力、超乎常人的想象力、严谨出色的推理能力，肯定是不行的。

事实上，这种观点大都来自非科学工作者，实际的情况并非完全如此，科学家想要有所成就，根本不是凭借一个聪明灵活的头脑就可以的，还需要具备良好的科学精神，特别是执着的探索精神。

提起瓦特，多数人都不陌生，就是那位发明了蒸汽机、推动了人类工业文明发展的伟大科学家。不少人在说到他发明的蒸汽机时，都会把这个伟大的成就归功于他的聪明才智。可如果我们深入地去了解瓦特的发明历程，了解他的一生，就会发现：蒸汽机的发明，应当归功于瓦特执着的探索精神。

瓦特出生在一个贫困的家庭，从小身体也不太好，但他对学习充满了渴望，一直没有间断。随着年龄的增长，瓦特开始对客观存在的一些事物产生兴趣，并带着好奇心去钻研。十五岁时，瓦特就读了一些工艺和物理方面的书籍，已经具备了一些自然科学知识。

他喜欢天文学，经常一个人躺在草地上仰望星空；他喜欢做模型，小轱辘、小抽气筒、小起重机以及船上用的各种物件，他都动手做过，有的还反复做了好几次。之后，为了谋生，瓦特到伦敦的一家数学仪器店做学徒，学习制造数学仪器。离开伦敦后，他得到了一位大学教授的帮助，到学校里维修数学仪器，并逐渐接触到了蒸汽机的制造。

那个时代，蒸汽机算不上真正意义上的蒸汽机，使用的人很少。在帮别人修理过一次蒸汽机后，瓦特突然做了一个决定，他要自己制造出一台完美的蒸汽机。理想是美好的，可发明蒸汽机的过程就很坎坷了。为了做这件事，瓦特几乎耗尽了所有的家财，负债累累，期间有很多人劝他放弃发明蒸汽机，好好过日子，可瓦特坚持要做。他的妻子因繁重的家务和生计问题逝世，这也没有让他间断对蒸汽机的研究。

终于，在 1782 年，瓦特完成了新蒸汽机的试制工作。机器上有了联动装置，把单式改为旋转运动，完善的蒸汽机就此问世。由于蒸汽

机的发明，加之英国当时煤铁工业比较发达，很快英国就成了世界上最早利用蒸汽机推动铁制“海轮”的国家。到了十九世纪，开始海上运输改革，一些国家进入了所谓的“汽船时代”。随后，煤矿、工厂、火车都应用了蒸汽机，体力劳动解放了，经济发展了。正因为此，瓦特开始闻名于世界。

瓦特发明蒸汽机的时间跨度大概有几十年，如此漫长的岁月，他仅仅是依靠智力发明了蒸汽机吗？显然不是，比智力更重要的是执着的探索精神。面对外界的不理解，家人的离去，他始终执着于蒸汽机的发明，从未动摇。正是依靠着他的这种精神，社会生产力才有了极大提高，人类进入了伟大的工业文明时代。

与瓦特的经历相似的，还有物理学家普朗克。他在物理方面最主要的成就是提出著名的普朗克辐射公式，创立量子理论。他的这些科学成就为世人所熟知，但在这些成就的背后，却是一条鲜为人知的波折之路。

普朗克出生在一个受过良好教育的传统家庭，完成中学学业后，他决定学习物理。当时，有教授劝他不要学习物理，说“这门科学中的一切都已经被研究过了，只有一些不重要的空白需要被填补”。事实上，这也是当时许多物理学家们坚持的观点。可普朗克却说：“我并不期望发现新大陆，只希望理解已经存在的物理学基础，或许能将其加深。”

上大学后，普朗克逐渐开始投入到纯理论研究的领域，也就是理论物理学。他的物理老师不太理解他的选择，认为物理学已经是一门高度发展、几乎尽善尽美的科学，作为一个完整的体系，已经建立得足够牢固了。可是，普朗克依旧坚持自己的选择，这是他认真思考之后才做出的选择，不会轻易放弃。

之后，普朗克遭遇了一系列的不幸。1909 年 10 月，他的妻子因结核病去世；1911 年 3 月，他与第二任妻子结婚，同年 12 月迎来第三个儿子。“一战”期间，他的大儿子死于凡尔登战役，二儿子在 1914 年被法军俘虏；1917 年，他的女儿在产下第一个孩子后去世，她的丈夫迎娶了普朗克的另一个女儿，但这个女儿也在两年后因同样的原因去世。1945 年，普朗克的二儿子被纳粹杀害。

至此，他和第一任妻子的四个孩子，全部去世。虽然他的人生屡遭不幸，可这并没有让他停止物理理论研究。学术的权威没有打倒他，亲人逝去的悲伤没有让他一蹶不振，失败也没有让他臣服，他所做的是依然向他人不敢趋近，或是无法趋近的物理理论研究的最前沿迈进。

普朗克在谈到自己如何成为一个科学家的时候，如是说道：“你必须要有信仰。”他说的信仰，就是对科学、对研究事业的无限热爱，以及为寻求科学真理而坚定不移的精神。做别人认为不可能的事，开辟物理研究的新道路，这是一位伟大的物理学家执着的探索精神。

纵观悠久的科学历史，见证无数伟大科学家探索真理的历程，我

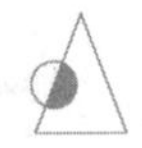

们会发现他们身上一些共通的东西：执着的探索精神支撑着他们完成理想与使命，激发了他们的意志，让他们勇敢前行。我们不是科学家，但这种执着探索的精神，却值得我们深谙于心，并身体力行。无论在哪个时刻，想在哪个行业和领域做出成绩，都离不开这种精神。

Chapter4

察微精神

——“小事上轻率真理的人，大事上也不足为信”

莫顿：从他以后，科学战胜了疼痛

1819年，威廉·莫顿出生在美国马萨诸塞州查尔顿小镇的一户普通农家。尽管父母都是农民，他们却懂得知识的重要性，主张让孩子读书。莫顿读完初级学校后，顺利地考取了马萨诸塞州著名的北菲尔德中学。

学生时代的莫顿，思维活跃，经常参加学校的各种活动。他是一个无神论者，对任何事情和问题都不盲从，喜欢独立思考，凡事都会追问为什么、怎么办？就在他准备毕业后继续深造时，父亲生了重病，他不得不放弃上大学的机会，带着优秀毕业生的荣誉跑到波士顿去寻找工作，维持家庭生计。

波士顿的日子对莫顿而言充满艰辛，他做过银行职员、邮局的邮递员、鞋店的推销员，白天拼命工作，晚上回到贫民窟休息，周而复始。在这段日子里，他跟波士顿的贫民建立了深厚的感情，接触到很多病人，他也深切地体会到医学的重要性。正是那段体验，让莫顿重新拿起久违的课本，报考医学院。

1837年，莫顿考入巴尔的摩牙科学院。校长了解了莫顿的情况后，免除了他所有的费用。莫顿也没有辜负校长的厚望，在巴尔的摩牙科学院的三年里，他各门功课都很优秀，并且对医用化学产生了浓厚的兴趣。

1840年，莫顿以全优的成绩毕业。之后，他就在波士顿开始了自己的行医生涯。1842年,他和同学韦尔斯一起开业行医。莫顿同情穷人，经常为他们免费就诊，也导致诊所总是入不敷出，这便加深了他和韦尔斯之间的矛盾。一年后，两个人分道扬镳。之后，莫顿继续在波士顿做牙医。

度过一段时间的行医生涯后，莫顿深感自己知识的不足。1844年，莫顿开始在哈佛医学院注册学习，同时还在坚持牙科实践。出于工作和学习的需要，他经常两地奔波。高强度的压力损害了他的身体，他只在哈佛医学院学习了两个学期，就因身体情况中断了。

莫顿学医的目的很明确，他曾经在日记里写道："不停地斗争，为真理而献身，为科学和人民死而无憾。"美国南北战争爆发时，莫顿加入北方军队，担任军医。他在野战医院工作了整整三年，救治了上千名伤员。

在18世纪以前，西医做外科手术是没有麻醉剂的，无论是开腹、截肢，病人都必须靠意志力来忍受巨大的疼痛。为了防止病人挣扎，通常要把病人捆绑在手术台上，用放血或棒打的方式让病人昏迷，暂时失去知觉，然后快速地完成手术。这种惨不忍睹的手术方法，虽然能够减少病人的一些痛苦，但依然有大量病人会在手术中死去。

后来，英国的化学家戴维发明了氧化亚氮。他先在自己身上进行试验，吸入氧化亚氮后产生了一种眩晕的陶醉感，让人的抑制能力降低，很容易发笑。之后，他就把这种物质称为“笑气”。戴维曾经想过把它作为麻醉剂，并在当时的《医学家》杂志上发表文章，介绍氧化亚氮的麻醉作用。可是，他的想法在那时并没有引起大家的注意。

细心的莫顿对戴维的实验成果很感兴趣，但他不是“拿来主义者”，对科学也一直秉持实证精神，通过多次试验去验证氧化亚氮的作用。结果发现，这种东西虽然有一部分的麻醉效果，但效力不大，维持时间短，且对大脑皮层有一定的抑制作用，不能作为安全的麻醉剂来使用。

为了保证科学研究的严谨性和正确性，莫顿主动到大学请教有名的化学教授杰克逊，寻求他的帮助。教授很欣赏他的钻研精神，并给他讲述了一段自己鲜为人知的经历：有一次做实验，不小心吸入了过多的氯气，为了缓解喉咙的奇痒，他吸入了一点乙醚解毒。没想到，吸入乙醚后，浑身上下觉得特别舒服，一会儿就睡着了。杰克逊还提到，牛津大学的一个学生通过蘸有乙醚的手帕吸入乙醚，吸入后产生了旋转、麻醉的感觉。

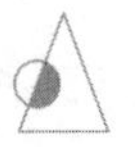

这些来自真实体验的细节描述，带给莫顿很大的启迪。他觉得，乙醚很可能是比“笑气”更好的麻醉剂。接着，他就开始用水蟥、兔子、狗来做实验，用脱脂棉蘸乙醚让动物闻，动物果然一会儿就昏过去了。莫顿反复实验，用不同的剂量，测试麻醉的深度与塑形之间的关系，取得动物体重和乙醚用量的安全数据。然而，莫顿还是不敢轻易地做出论断，生怕有一些细枝末节处还存在问题，秉持着严谨的精神，他又经过了多方面的细致检查，最终才得出结论：给予适量的乙醚并无毒性反应，且不伤害神经系统。

这次实验成功后，为了能推广到人体使用，莫顿又开始在自己身上进行试验。结果，依然没有不适反应。就这样，历史上有了最早关于乙醚麻醉成功的记录。直到1846年秋季的一个夜晚，一位病人走进莫顿的诊所要求拔牙。莫顿把蘸有乙醚的手帕递给病人，让他吸入，病人渐渐失去了知觉。这时，莫顿开始小心翼翼地为病人拔牙，同时细致地观察病人的脉搏和肌肉的变化。牙齿很快就拔下来了，而病人也逐渐恢复了知觉。当莫顿问他有没有什么痛苦时，病人称拔牙时他什么也不知道。

莫顿“无痛拔牙”的消息不胫而走，在当时引起了轰动。他第一次向医学界揭示了乙醚作为麻醉剂的安全可靠性，并细心地指出在手术中有两个需要注意的地方：有效地给药方法和病人与医生的密切配合。

乙醚作为麻醉剂用于拔牙，无疑获得了巨大的成功。可是，在其他手术中，乙醚是否也可以达到同样的效用呢？为了进一步证实这一点，不少人都与莫顿一起展开了探索和研究。

1846 年 10 月 16 日，莫顿要进行乙醚麻醉手术公开表演，一位年轻人同意在乙醚麻醉下做切除颈部血管瘤的手术，该手术由知名外科医生主刀，莫顿担任麻醉师。当天来参观的人很多，但多数都是将信将疑。病人吸入乙醚后，很快就昏睡过去了，手术在非常安静的氛围中进行。一个小时很快就过去了，手术非常成功。

一项医学发明诞生了！消息通过电报和报纸,传遍了全世界。从此，乙醚登上了现代医学的舞台，成为外科手术麻醉的药品。这次手术的成功，也标志着有痛实施手术的时代彻底结束了，病人不再因剧烈的疼痛而休克或死在手术台上，医生也不必在撕心裂肺的嚎叫声中匆忙手术。

这一切，都归功于莫顿的发明，更归功于他那份对科学研究一丝不苟、明察细微的精神。为了纪念这位为人类做出巨大贡献的科学家，人们在莫顿的墓志铭上这样写道：

“在他以前，手术是一种酷刑；从他以后，科学战胜了疼痛。”

严谨的科学精神，蕴含于细节之中

2018 年，山东省日照市科技馆要将诺贝尔奖获得者丁肇中科学

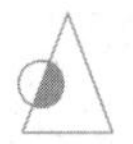

生涯中的 6 个著名实验模型做出来展示。为此，科技馆不惜重金邀请顶级设计师来打造模型。当设计师汇报方案时，丁肇中把自己的座位移动到距离大屏幕最近的地方，皱起眉头，紧盯着演示中的每一处细节。

3 个小时里，这位 82 岁的老人质疑、纠错，再质疑、再纠错，气氛搞得像一场考试。2 次汇报会，丁肇中总共为 AMS 阿尔法磁谱仪模型的设计方案纠错 42 处。他用自己的言行，向所有人诠释了何谓科学精神，那就是对待科学一丝不苟、明察秋毫。

就如丁肇中在给模型纠错中所表现的，严谨的科学精神蕴含于细节中。

2015 年春节期间，网上的一则消息传得沸沸扬扬：中国人跑到日本抢购马桶盖，造成日本马桶盖几乎断货！是什么原因让这个大工业生产线上的产品大受欢迎？我们不妨一起来看看日本马桶盖的特别之处。

就技术来说，日本马桶盖并不特别，真正吸引人的是它具备马桶圈加热和温水洗屁股的功能。冬天人不会感觉冷，且非常干净卫生，还能发出暖风烘干。

而国内的马桶盖，当时却尚未发现有附加这些功能的，是科技上达不到吗？是工艺方面不够先进吗？都不是！真正的原因，是没有追求产品性能和质量的极致，输在了细节上。

这种对质量和细节的忽视，恰恰就是科学精神的缺失。做任何事情，都应该有严谨的态度和敬业的精神，对每件产品、每道工序都凝神聚力、苛求细节的完美，就算是做一颗螺丝钉，也要做到最好。在这方面，德国的制造业做得也非常出色。

贝希斯坦是德国享誉世界的钢琴制造商，成立160多年来，它一直秉承着精益求精的态度来制造钢琴，将每台钢琴都当成艺术品来打磨。为保证琴技师的专业水准，贝希斯坦建立了一套学徒培养制度，2012年在全球仅招收2名学徒，2013年才开始增至每年6名。

该公司的服务部主管，也是钢琴制作大匠维尔纳·阿尔布雷希特说："学徒们需要进行三年半的轮岗学习，每个学徒会在每个部门待上1周至1个月，每个部门都派最优秀的老师亲自教授钢琴制造技能。"贝希斯坦不仅培养钢琴制作师，还为全世界培养钢琴服务技工。

而德国海里派克直升机责任有限公司的首席执行官柳青说："飞机安装环节要求非常严格，假如有6个螺孔，那么技师就只能拿到6个螺丝钉；如果掉了1个螺丝钉，无论如何也要找出来。"他们所使用的螺丝钉，跟我们平时用的不一样，是德国有关部门认证和许可生产的螺丝钉，价格比普通螺丝钉高100倍之多。

要发扬科学精神，必须告别形式上的认真，告别浮夸马虎，用心对待自己所做的每一件事，将每一个细节之处做到极致。

成败的分水岭，往往都在细微处

1840 年 5 月 1 日，人类有史以来的第一枚邮票问世了。

英国邮局出售的这种邮票是黑色的，面值 1 便士。喜欢集邮的人们，把邮票的面值和颜色联系在一起，起了一个形象的绰号，叫作“黑便士”。黑便士没有齿孔，每次出售时都需要用剪刀慢慢剪开，烦琐又费力。

一个叫亨利·亚策尔的爱尔兰人留意到了这种情况，心想：有没有什么办法，能让邮票在出售时不用剪刀，省时省力又不会损坏邮票本身呢？这个念头萌生后，他每天都在琢磨解决对策。后来，他发现如果在一张纸上扎出一串密集的小孔，只需轻轻一拉，一张纸就能完好无损地分开。同理，如果在邮票和邮票之间扎出一串密集的小孔，行不行呢？

亨利·亚策尔欣喜若狂，马上取出两张邮票进行试验。没想到，一试便成功了！

1848 年，亨利·亚策尔经过反复的研究实验，终于发明了打孔机。1854 年 1 月 28 日，英国首先发明了有齿孔的邮票。自那以后，邮票就成了现在的样子，而邮局在出售邮票的时候也无须再用剪刀了。

这个看似简单的细微改变，给人们的工作生活带来了极大的方便。

其实，无论是科学研究、发明创造，还是企业变革、个人突破，都是从细微之处的改变开始的。唯有具备严谨的态度，重视细枝末节，才有可能在别人忽略的方面，有全新的认识、理解和发现。

戴维是法拉第的老师，两人共同在英国皇家学院工作。当时，奥斯特发现导线上有电流通过时，导线旁的磁针就会发生偏转，皇家学会的一位名叫沃拉斯顿的会员很机敏，他想：“既然电能让磁动，磁能否也让电动呢？”带着这个疑问，他找到戴维，想共同做一个实验。

实验是这样的：在一个大磁铁旁边放一根通电导线，看它会不会旋转？结果，导线未动，戴维和沃拉斯顿就认定，磁无法让电动，今后也没再提起此事。两人算得上皇家学院里的权威人物，他们实验的失败，让很多人也确信了那个结论。但是，默默无闻的法拉第却不这么想，事后他开始独自跑到实验室里重新尝试，结果也失败了，且不止一次。

一天，法拉第在河边散步，看见一个孩子划着一只竹筏，巨大的竹筏被一个不到10岁的孩子自由调动。这样的情景，让法拉第茅塞顿开，他认为那根导线之所以不能转动，是因为拉得太紧！他赶紧跑回实验室，在玻璃缸里倒了一缸水，正中固定了一根磁棒，磁棒旁边漂一块软木，软木上插一根铜线，再接上电池。就是这样的一个细节变化，实验成功了。

回想戴维和沃拉斯顿，他们的失败无疑是过于粗心，没有在失败后进行细致的反思。法拉第能做成这个实验，主要赢在了细致入微上。他是订书徒出身，又受过美术训练，养成了注重细节的习惯。他有每天记日记的习惯，每次实验无论成功还是失败，都会记录在案，且会记录任何小事的发生。正因为此，他制造了世界上第一个简单的马达。

查尔斯·狄更斯在《一年到头》里写道："什么是天才？天才就是注意细节的人。"

没有与生俱来的巨匠，几乎所有的成功者都有重视细节的态度，他们总能发现与众不同的东西，或是完成别人无法完成的任务，抵达别人难以逾越的高度。

避免小的失误，可以减少大的挫折

1485 年，英国国王查理三世准备和凯斯特家族的亨利决一死战，此次战役决定着英国的前途和命运。战斗打响前，查理派马夫装备自己最喜欢的战马。

马夫发现马掌没有了，就对铁匠说："快点给它钉掌，国王还指望骑着它冲锋陷阵呢！"

铁匠回答说："你得等一等，前几天因为给所有的战马钉掌，铁片已经用完了。"

马夫不耐烦地回答："我等不及了。"

铁匠埋头干活，从一根铁条上面弄下了四个马掌的材料，把它们砸平、整形，固定在马蹄上，而后开始钉钉子。钉了三个马掌后，他发现没有钉子了。

铁匠对马夫说："我缺少几个钉子，得花点时间砸两个。"

马夫急切地说：“我告诉过你，我等不及了。”

“没有足够的钉子，我也能把马掌钉上，只是它无法像其他三个那么牢固。”

“能不能挂住？”马夫问。

“应该能，”铁匠回答，“但我没有把握。”

“好吧，就这样吧，”马夫叫道，“快点儿，不然国王会怪罪我的。”

铁匠凑合着把马掌钉上了。

很快，战役开始了。查理国王冲锋陷阵，鞭策士兵迎战敌军。突然，一只马掌掉了，战马跌倒在地，查理也被掀翻在地上。受惊的马跳了起来，国王的士兵也吓坏了，纷纷转身撤退，亨利的军队包围上来。

查理在空中挥舞着宝剑，大声喊道：“马，一匹马，我的国家倾覆就因为这一匹马。”从那时起，人们就开始传唱这样一首歌谣：“少了一个铁钉，丢了一只马掌。少了一只马掌，丢了一匹战马。少了一匹战马，败了一场战役。败了一场战役，失了一个国家。”

这个故事很多人都听过，它的意义就在于：细节决定成败。凯撒大帝说：“在战争中，那些重大事件往往就是一些小事情造成的后果。”对军人来说，只有命令和任务，没有大事小事之分，交到自己手上的每一件事，都必须认真做好。

要知道，普通人的纰漏和失败，也许仅仅意味着一个小小的事故，或是损失一定的奖金，可对于军人来说，手中的权力、肩上的担子、

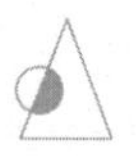

身上的任务都有着与普通人截然不同的危险性和严重性。就拿美国西点军校来说，它的毕业生在日后的工作中都将在军政工商等领域占据重要的位置，他们有可能手握重兵，权限范围内可调动的战斗力可以威胁到无数人的生命；也可能掌握国家的经济命脉，一个小小的过失，都有可能导致国家的经济水平倒退，让人民承受无妄之灾。

在第一次世界大战中，法国司令官收到消息，法德前线阵地上的一个法军的秘密指挥所遭到了德军的轰炸，人员伤亡十分惨重，当地最高指挥官身亡，文件设备损失殆尽。这对当时的法军来说，无异于灭顶之灾。因为，这个指挥所隐蔽良好，一直以来都承担着重要的侦查和部署指挥任务，称得上是当地法军的绝对中枢。

法军高层十分重视这件事，下令彻查秘所受袭事件。原本，他们以为是自己内部有德军的间谍，并在电报通信方面做了调整，可没想到，最终调查推断，导致秘所暴露的罪魁祸首很有可能是殉国指挥官豢养的一只宠物猫。显然，这位指挥官在战地中，依然保持着法国人与生俱来的浪漫情怀和生活情调。只可惜，那只猫带给他的不仅仅是温情的陪伴，还有死亡的号角。

慵懒的猫习惯每天中午在秘所的屋顶晒太阳，这被细心的德国侦查员发现。由于猫的品系很特殊，且不具猎食性，德国人推断这很有可能是一位身份地位较高的人士养的宠物。一旦有了怀疑，顺藤摸瓜就成了必然。结果，德国人很快就发现了这个法国的重要基地，并发起了袭击。

可见，任何表面上看起来微不足道的纰漏，都有可能导致全局的败落。这就是典型的蝴蝶效应。任何一个细节上的错误都可能让为达成目标所做的努力付诸东流。所以说，细节决定成败，只有重视了别人眼里无所谓的细小方面，才能确保目标顺利达成。

西点的一位新兵学员在训练期间，曾经来回向班长报告了 12 次，才通过服装仪容的检查。每一次他到班长房间，都会有通不过的地方，如皮鞋脏了、衬衫后面的衣摆露出来了、某段新生知识没有背好等，每次都必须回寝室重新整理。对于这位新学员和他的室友来说，细节培养成了一项挑战，他们决心要帮他做到尽善尽美，让班长挑不出任何毛病。

当这位新生第 12 次向班长报告的时候，班长费了好大的劲儿，才找到了一个不起眼的毛病——他的背上有一根头发，大概是梳理的时候掉下来的。即使如此，班长依然没有告诉他不用再来回复检了，而新生也因此不抱怨班长吹毛求疵了。他希望用自己的行动，让班长愈发费劲地挑出自己的毛病，在这种对细节的关注中，他觉得自己的品格得到了历练，也逐渐走向了完美。

艾森豪威尔说：“每一个细节背后都蕴涵了伟大的力量。”

在战场上，忽视了细节，输掉的可能就是无数条生命，大错的铸就往往就是小错的疏忽，若能避免一切小小的失误，就可以减少巨大的意外挫折。知细节，才能求细节。细节存在于生活和工作的方方面面：就是机柜上少拧的几颗螺丝钉，就是脚下少挖的一锹土，就是失败之后常常让我们懊悔的看似不起眼的东西。平日训练中多考虑一些细节，战时就可能少流一滴血，多一分赢的机会，不是吗？

小事上轻率真理，大事上也不足为信

那是一次军事演习，在亚利桑那州市郊的空军基地，飞行员和雷达观测员葛尔和吉布斯听到一声警报后，迅速在5分钟内由熟睡的状态转为飞行状态。这期间，洗澡、梳头、刮胡子、看报等活动都是不可能的。

这是一次飞行演习，在此之前，他们已经演练过上千次了。他们信心满满，因为从飞行服到驾驶舱的安全带，他们都做了精心的准备，以便能够在紧急起飞时以最短的时间达到最优化的效率。演习不允许有任何的拖延，吉布斯和葛尔在跑道尽头的一个房间里待命。这一刻，所有飞行前和起飞过程中的细节，就像是电影一样在他们的脑海里放映，在反复操作后，这些动作完全成了一种惯性：一只手调节操纵杆，发动引擎，一只手紧扣安全带，一连串烦琐却又至关重要的动作……所有的准备都是为了在敌机把自己困住之前飞向天空。

紧急起飞的号角响起了，吉布斯和葛尔立刻投入到了“战斗”状态。他们迅速穿好飞行服，钻进机舱。葛尔熟练地驾驶战斗机驶向跑道，发动引擎，一切都很顺利，13秒的时间里，他们的时速就达到了300公里。

整个过程进行得非常完美，没有任何偏差。可就在飞机升空时，意外情况突然发生了，葛尔听见了异常的轰轰的声响，像是有人在飞机外用钻头钻机身。机舱是封闭的，这个声音到底是从哪儿来的呢？

葛尔进行了侧飞，要求监控塔中的工作人员对飞机外部进行检测。结果，监控人员告知，飞机一切正常。就在这时，吉布斯发现了事故的原因，他告诉葛尔，由于出发时太匆忙，他忘记系肩带了。现在，那个大大的金属扣悬在机舱外面砰砰地敲打着机身，当飞机时速达到几百公里时，那砰砰的声音更加猛烈了。

怎么办？葛尔决定立刻停飞着陆，但吉布斯却建议把肩带剪断，他希望能挽救自己的过失。但是，剪断肩带意味着金属环有可能被吸入左侧引擎，这将会引发一场更大的灾难。最后，葛尔决定让肩带保持原状，果断地着陆。

就这样，葛尔和吉布斯的飞行任务失败了，指挥官对此严重不满，他们牵连所在部队在总部的战备检查团面前蒙羞了。葛尔和吉布斯遭到了指挥官前所未有的拷问，就因为这个没有扣好的小小的肩带，几乎毁了他们所驾驶的飞机。

事后，吉布斯为自己的疏忽大意付出了惨痛的代价，他必须独自背负65磅重的梯子和降落伞，对全组18架战斗机逐一进行彻底的检查。

扣好肩带，这几乎是从一入学开始就被要求做无数次练习的训练，是一个小到不能再小的细节，就如同开车扣安全带一样。恐怕葛尔和吉布斯大概也没有想到，他们会因为这个小失误导致飞行失败，并遭到严厉的惩罚。可话说回来，连小事都做不好，又何以成大事呢？

这个世界上任何伟大的成就，都源自细枝末节的积累，所有的成功者都是从小事做起的。哪怕是最伟大的计划，在执行的时候，也必须从小处着手。做不好小事，会有什么样的后果？

让我们看看生活中的这些情形——

刹车系统失灵，导致严重的交通事故；一节油管不通，导致飞机失事；一节 30 元的小电池坏了，导致美国的太空 3 号快到月球却无奈返回，使酝酿多年的航天计划泡汤，几亿元的成本报废……不起眼的小地方，往往藏着魔鬼，你忽视它的存在，它会让你付出巨大的代价，甚至掉进万劫不复的深渊。

做一件小事不难，做好一件小事也不难，但做许多小事、把所有小事都做好却不容易，而这也不是一件小事。石油大亨洛克菲勒说："我成功的秘诀就在于重视每一件小事，我是从一滴焊接剂做起的，对我来说，点滴就是海洋。"

世间所有的大事都是由各种小事组成的，想要做好大事就必须做好所有的小事。而一旦做好了所有的小事，最终实现的目标也会臻于完美。当我们能够坚持把身边所有的小事都做好，或者把所有小事都当作大事来认真对待，多一点科学精神，多一点严谨态度，就会比不具备这种认真态度的人拥有更大的优势，至少会比从前的自己更加优秀。

任何错误和隐患，都不能视而不见

雕塑巨匠加诺瓦的一项作品即将完成，有人在旁边观摩。在观摩者眼里，艺术家的一凿一刻，看上去是那么漫不经心，他便以为艺术家不过是在做样子给自己看罢了。然而，加诺瓦告诉他："这几下看似不起眼，实则是最关键的。正是这看似不经意的一凿一刻，才把拙劣的模仿者和大师真正的技艺区分开来。"

当加诺瓦准备雕塑他的另一件大作《拿破仑》时，突然发现备用的大理石纹理上隐约能看见一条红线。尽管这块大理石价格昂贵，是几经周折从帕罗斯岛运来，但就因为有了这一丝瑕疵，加诺瓦毅然决定弃用。他的凿子不是随意落下的，他要的艺术品当是经得起审视和考验的，绝不允许在细节上出现失误，哪怕只是一个瑕疵，也万万不可以。

2003 年 2 月 1 日，美国"哥伦比亚"号航天飞机升空后发生爆炸，7 名宇航员全部遇难。这场灾难性的事件不仅让美国的航天事业遭到重创，也延缓了人类探索宇宙的步伐。

这一惨剧究竟是如何发生的呢？事后，调查结果显示：造成这一灾难的凶手，竟然是一块脱落的泡沫！对，你没有看错，就是一块轻得不能再轻的泡沫！

原本，“哥伦比亚”号表面覆盖着2万余块隔热瓦，能够抵御3000摄氏度的高温，这是科学家们为了避免航天飞机返回大气层时外壳被高温熔化专门设计的。“哥伦比亚”号升空后，一块从燃料箱上脱落的碎片击中了飞机左翼前部的隔热系统，而宇航局的高速照相机精准地记录了全过程。

美国航天飞机的整体性能和很多技术标准都是堪称一流的，可谁能想到，就是这一小块脱落的泡沫竟然轻易地把航天飞机摧毁了！

事故调查小组称，其实“哥伦比亚”号在飞行期间，工程师已经知道飞机左翼在起飞过程中曾经受到泡沫材料的撞击，可能会造成严重的后果，且当时有补救的办法，可这些安全细节并没有引起有关人员的重视，他们觉得“没关系”“不要紧”，心存侥幸。然后，“哥伦比亚”号就带着问题上天了，最终机毁人亡，成为美国航天史上永远抹不去的阴影。

对于错误和隐患，无论它有多小，都不能听之任之，心存侥幸。很多时候，往往都是那1%的错误导致了100%的失败。科学精神要求我们，时刻保持严谨细致的作风和谨小慎微的态度。唯有养成想事想周全、做事做细致的习惯，才能让事情朝着正确的、好的方向发展。

不急不浮不躁，才能做到精益求精

翻看历史，读一些伟人的传记，我们往往能总结出一些共通之处：

多数出色的发明家、艺术家、思想家和有名的工匠，他们的成功都不是一蹴而就的，而是经历了漫长的过程，勤勤恳恳，稳扎稳打。

汪中求先生在《细节决定成败》一书中说："在中国，想做大事的人很多，但愿意把小事做细的人很少；我们不缺少雄韬伟略的战略家，缺少的是精益求精的执行者；不缺少各种规章制度，缺少的是对规章条款不折不扣的执行。我们必须改变心浮气躁、浅尝辄止的毛病，提倡注重细节、把小事做细。"

凡事要循序渐进，倘若跨越了事物的发展阶段，往往不会有太理想的结局。太急了，就会失去耐性，损伤根基，容易被诱惑所动摇，也无法做到兼顾细节，精益求精。只有一步一个脚印，踏踏实实地去做，舍得花费时间来证明自己，才会"一分耕耘一分收获"。

我们都知道，科学研究是一项大工程，绝非一日之功。那些献身于国家军事和科技的科学家们，往往是几十年如一日地去做研究，时刻保持严谨的态度，不急不浮不躁。

1965年，潘镜芙受命主持我国第一代导弹驱逐舰。

这是潘镜芙年少时的梦想，可真的触碰到梦想的那一刻，潘镜芙却发现，这条路走起来比想象中艰难太多。过去，我国造的水面舰艇都是单个武器装备军舰，彼此间没什么联系，全靠指挥员的口令来人工合成作战系统，综合作战能力较差。

关键之际，“中国导弹之父”钱学森参与了确定驱逐舰导弹系统方案的会议，提出了“系统工程”的观点。这让潘镜芙茅塞顿开，他决定要把这个理念应用于舰船设计中。为了实现“系统工程”的目标，潘镜芙带领同事去调查国产设备研制情况，这些设计单位分散在全国各地，他们在“吃着窝头，每人每月三两油”的艰苦条件下，先后召集一百多家单位参与设备研制，解决了一系列的技术难题。

1968年，第一代导弹驱逐舰首制舰在大连造船厂开工建造。历经四年的艰苦奋战，首制舰于1971年12月顺利交付海军服役。从此，中国海军第一次拥有了具备远洋作战能力的水面舰艇，我国驱逐舰进入导弹时代，而潘镜芙也被外国同行称为“中国第一个全武器系统专家”。

20世纪80年代，世界各国军舰都在竞相升级导弹驱逐舰，而我国现有的驱逐舰与国际先进水平相比，还落后很多。这让潘镜芙很焦虑，他意识到，研制更先进的驱逐舰已经迫在眉睫。为了适应新技术条件下的作战需要，我国开始研制第二代新型导弹驱逐舰，潘镜芙担任总设计师。

那时，潘镜芙又做了一个有争议的决定：在第二代导弹驱逐舰的动力装置上引用国外设备。有人讥讽他说：“如果设备出了问题，难道要让外国人来解决吗？”潘镜芙再次顶住压力，强调说：“引进国外设备和技术，可弥补国内的一些短板不足，让新型驱逐舰整体站在较高的技术起点上，加快国产驱逐舰的发展速度。凡引进的设备，都要确定国内的技术责任单位和生产单位，实现国产化，填补国内技术空白。”

他的观点，很快就得到了研究院和海军主要领导的支持。

1994 年和 1996 年，由潘镜芙主持设计的中国新一代导弹驱逐舰哈尔滨舰和青岛舰分别交付海军使用，新型舰艇缩小了与发达国家的技术差距。1995 年，哈尔滨舰先后访问朝鲜、俄罗斯；1997 年，又作为中国海军编队主要军舰访问美国、墨西哥、秘鲁和智利，实现了中国军舰首次环太平洋航行。2002 年，青岛舰远航 4 个多月，横跨印度洋、大西洋和太平洋，实现了中国海军历史上的首次环球航行。

1995 年，潘镜芙当选为中国工程院院士。

此后的他，逐渐退居二线，不再具体负责舰船设计工作，但至今仍然担任国产军舰设计的顾问，为新型驱逐舰的继续改进做贡献。

从踏入铸舰这个领域，到第一代导弹驱逐舰交付使用，并实现首次环球航行。潘镜芙花费了整整四十年的时间！由此我们也可以领悟到：任何伟大的事业，都是聚沙成塔、集腋成裘的过程；任何经久不衰的艺术品，都是精雕细琢、反复打磨后的结果。沉下心来，不浮不躁，实事求是，坚持不懈地把每一处细节都做到完美，是每一位兢兢业业的科研人都在立身践行的科学精神。

真正美丽的事物，
每一个细节都是完美的

Chapter5

质疑精神

——“尊重而不迷信权威，追求而不独占真理”

黄万里：正谬交给时间，精神值得敬畏

1911 年 8 月 20 日，黄万里出生在上海的一个名门世家。他的父亲黄炎培是清末的举人，也是著名的爱国民主人士，早年加入同盟会，有着刚正不阿的品性，这种品性后来也传给了黄万里。

1932 年，黄万里以优异的成绩从唐山交通大学毕业，他学的是铁路桥梁工程。毕业之后，他在江杭铁路工地上为工程师做助手。如果不是席卷中国南北的两场大洪水，出身名门却很低调的黄万里，可能就会专心做一名铁路桥梁工程师。然而，1931 年长江、汉水泛滥，仅湖北省云梦县一个地方，就有 7 万条生命被洪水吞噬；1933 年，黄河水灾，大堤决口十几处，人财物的损失无法估量。

这两场洪水的肆虐，激发了许多青年学习水利知识的决心。当时，唐山交通大学的毕业生中有三人放弃了铁路桥梁工程师的职位，计划出国学习水利，22 岁的黄万里就是其一。1934 年年初，黄万里赴美国

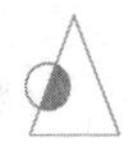

留学，从天文、地质、气象、气候等基础学科学起，先后取得了康奈尔大学硕士学位、伊利诺伊大学博士学位。

1937年，黄万里学成归来。当时，国内有好几所大学邀请他去任教，他都一一婉拒了，理由就是自己考取的是公费留学，花的是老百姓的钱，所以要亲身参与中国的水利事业，不能辜负百姓。

就这样，黄万里成为四川省水利局的一名工程师，继任涪江航道工程处处长，开始了长江上游干支流之间的行走。从1938年到1943年，他和属下先后6次长途考察，培养了40多名工程师。他从长江走到黄河，因对黄河之水、黄河之沙的独特理解，他的生命就跟九曲黄河连在一起，不可分割了。自此，他就走上了治水之路。

1949年后，黄万里在清华大学水利系任教。他当年的助教回忆说，黄万里先生最大的特点就是为人耿直、敢说敢言，无论什么时候，在什么人面前，都是照说不误。他的这种性格，在对三门峡工程的意见中，得到了充分的体现。

20世纪50年代初，中国请苏联拟定一个在黄河下游兴修水利工程的计划。1955年，原列宁格勒设计院拿出了他们的设计方案。不过，由于苏联境内少有泥沙量大的河流，因此他们的专家对于泥沙河流的治理经验并不完善，他们给出的方案整体思路就是蓄水拦沙，要在黄河干流建造46个水坝，三门峡大坝只是其中之一。

1957年6月，周总理召集水利部70多位学者和工程师在北京召开会议，对苏联专家给出的方案进行商讨。在这次会议中，除了一位叫温善章的人提出改修低坝以外，其他人都表示赞同，只有黄万里一个人从根本上否定了苏联专家的方案。

黄万里认为，三门峡水利枢纽工程是建立在一个错误设计思想基础上的工程，违背了“水流必须按趋向挟带一定泥沙”的科学原理。如果修建拦河高坝，泥沙就会在水库的上游淤积，导致黄河上游的水位逐年增高，堵住渭河的出口，把黄河在河南下游的灾难搬到上游陕西。他还认为，“黄河清”只是一个虚幻的理想，在科学上难以实现。在七天的研讨会上，黄万里据理力争，和“高坝派”一直辩论，最后整个会议竟成了以他为焦点的批判会。

1960 年 9 月，三门峡工程建成。可就在建成的第二年，黄万里的预言就不幸被言中，大坝内泥沙多达 16 亿吨，淤积严重。第三年，潼关河床淤高 4.6 米，渭水河口形成拦门沙，导致渭河航运窒息，渭河平原地下水位上升，土地盐碱化不可避免，两岸百姓生计受到影响。

三门峡水利枢纽改建势在必行，1964 年，在黄河两岸凿挖两条隧洞，铺设四条管道，泄水排沙，同时，8 台发电机组炸掉 4 台，剩余 4 台每台机组发电量 5 万千瓦，共 20 万千瓦，只是原设计发电量 120 万千瓦的零头。一次改建不行，又开始二次改建。相关资料显示，三门峡水利枢纽工程，1964 年动工改建，1973 年 12 月改建才最后完工。

黄万里强调，自己反对修三门峡水库是出于科学的良知，他说“如果我不懂水利，我可以对一些错误做法不做任何评论，别人对我无可指责。但我确实是学这一行的，而且搞了一辈子水利，我不说真话，就是犯罪。治理江河涉及的可都是人命关天、子孙万代的大事。”

2001年8月8日，在黄万里去世的前几天，他依然念念不忘长江的洪水，并留下这样的遗嘱：治河原是国家大事，“蓄”“拦”“疏”及“挖”四策中，各段仍以堤防“拦”为主。汉口段力求堤固，堤临水面宜打钢板椿，背水面宜砌石，以策万全。盼注意，注意。万里遗嘱，2001年8月8日。

无论是科学的或行政的决策，都应当允许甚至鼓励质疑和反对的声音存在。质疑的存在，往往会给设计者和决策者提供一个全新审视事物的角度，发现可能被忽略的问题。质疑者的初衷，自然也是为了追求真理，让一件事物更加安全合理。

没有一种建设会百密而无一疏，没有一项工程有百利而无一弊。但是，像黄万里这种敢于质疑、敢于提出反对意见的科学精神，却是不容置疑的。无论走到哪里、做什么事情，我们都需要这样的精神和态度。

尊重事实与真相，而不是尊重权威

查斯特菲尔德勋爵说：“科学精神是一种自由精神，是唯真理是从的精神。无论你所掌握的科学知识的程度如何，你一定要有科学精神。

敢于怀疑一切，否定一切，并大胆求证。”

1564 年 2 月 15 日，伽利略出生在意大利的比萨城。11 岁时，伽利略进入佛罗伦萨的经院接受古典教育。那个时期的伽利略，好奇心很强，喜欢与人辩论，从不满足别人告诉他的道理，凡事都要自己去探索、去琢磨。他喜欢制造机械玩具，做过不少小玩意。

17 岁时，伽利略进入比萨大学学医。在大学期间，他发现自己并不喜欢医学，反倒对数学格外迷恋。空闲的时间，他就钻研数学，用自制的仪器进行自然科学实验。他深深感受到“数理科学是大自然的语言”，他愿意花费一生的时间去学习这种语言。

在学习的过程中，伽利略表现出了独特的个性，那就是对任何事物都质疑问难。无论是学校的教学方法，还是教学内容，他都敢提出指责；对于哲学家们崇奉的“绝对真理”，他也想探明个中深意，甚至对古希腊哲学家亚里士多德的主张也提出质疑。

学校的教授们宣称：“所有科学上的问题，最后且一劳永逸地被亚里士多德解决了。无论何时，只要谁敢对一条教条式的说法提出异议，教授只需引用亚里士多德的一句话就可以结束争论。”然而，伽利略却总是用自己的观察和实验对教授们讲授的教条进行检验。教授们对伽利略“蔑视权威”的做法非常不满，写信给他的父亲告状，拒绝发给伽利略医学文凭，甚至给他警告处分。结果，伽利略被迫离开了比萨大学，也没能拿到医学学位。

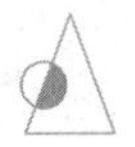

1585年，回到佛罗伦萨的伽利略，开始自学数学和物理，并潜心攻读欧几里得和阿基米德的著作。之后，他写出论文《天平》和《固体的重心》，引起了学界的轰动。1589年，伽利略的母校比萨大学数学教授的席位空缺，在朋友的推荐下，他担任了比萨大学的数学教授。在完成日常的教学外，他开始钻研自由落体的问题。

当时，占据支配地位的是亚里士多德的物理学，他认为：不同重量的物体，从高处下降的速度与质量成正比，重的一定比轻的先落地。这个结论的诞生距离伽利略的年代已经近2000年，没有人公开质疑过。"物体下落的速度，真的和物体的重量有关吗？"伽利略的脑子里一直有这样的疑问。他经过再三的观察、研究、实验，结果发现：如果让两个不同重量的物体，同时从同一高度落下，两者会同时落地。于是，他开始大胆地向亚里士多德的观点进行挑战。

伽利略提出一个全新的观点：重量不同的物体，如果受空气的阻力相同，从同一高处落下，应该同时落地。这一观点提出后，立刻遭到了比萨大学多位教授的反对，他们讥笑说："除了傻瓜以外，没有人相信一根羽毛和一颗炮弹能以同样的速度通过空间下降。"

面对反对的声音，伽利略毫不畏惧。经过多番论证，他以雄辩的事实证明，"物体下落的速度与物体的重量无关"，打破了亚里士多德在物理界的神话。

科学发现往往都是挑战已知概念，不太符合传统逻辑，因而引起争议和非议也就成了必然。伽利略要推翻亚里士多德的观点，也遭到了一群人的反对和讥笑。然而，在权威面前，在舆论面前，他还是勇敢地选择了追求真理，去探究事实与真相。

我们应该记住笛卡尔的那句忠告："如果你想成为一个真正的真理寻求者，在你的一生中至少应该有一个时期，要对一切事物都尽量怀疑。"

没有质疑精神，就没有科学发展

中国科学院高能物理研究所研究员张双南说，他刚回国的时候，非常不习惯，倒不是生活和文化方面难以适应，而是在学术上没有人和他"吵架"。不仅如此，他还表示，"一旦给别人的学术观点挑毛病，对方就觉得没面子、下不来台"。

我们都知道，张双南所说的"吵架"，就是指从学术角度提出批评、质疑，进行学术争论。这在国外是很常见的情况，而在国内却显得有些格格不入。在张双南看来,质疑是目前中国科技界最缺乏的科学精神。关于科学精神，张双南总结了六个字：唯一、独立、质疑。

唯一：即科学的目的是发现科学规律，且科学规律是唯一的。

独立：即科学规律独立于发现者，不管是谁来做科研，在方法正确的前提下，所发现的科学规律是相同的。

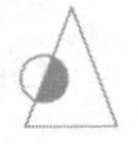

质疑：这是科学精神中最重要的两个字。有些时候，很多人会碍于面子和情感，不敢发出质疑和否定的声音。其实，这是不利于科学发展的。每一种重大科学理论的诞生，都不是水到渠成、自然而然产生的，都是新理论对旧理论的颠覆与革命，伴随着激烈的对抗与冲突。

为了强化学生们的质疑精神，张双南在清华大学讲课时，提出了一个特殊要求：每个学生每堂课都必须向他提出一个问题，越尖锐越好。后来，他又在中国科学院开设了一门科学方法的课程，也提出同样的要求。他发现，在鼓励批评和质疑的课堂氛围下，学生们经常与他进行热烈的讨论，有时甚至会吵起来，这让他感觉非常好。

张双南认为，质疑精神的缺失源于文化传统，因而质疑精神的培养也要从文化入手，形成鼓励批评质疑的氛围。在教育方面，他发现了一个问题：学校倾向于给学生灌输科学知识，但很少告诉他们，什么是科学，什么是科学精神和科学方法。培养学生的科学精神，就要先培养他们的分析、批判和质疑的能力。没有质疑，科学精神就无从谈起；没有科学精神，就不可能有创新；没有创新，就不可能有跨越式的发展。

在生命科学领域，以前有一件事大家都默认无异，即传统化疗药物有强毒副作用，是因为它在杀死癌细胞的同时，导致大量正常细胞凋亡。然而，中国科学院院士、北京生命科学研究所学术副所长邵峰，在接受《科技日报》的记者采访时，却坦言道："我没有找到有实证记载说明——正常细胞的凋亡与化疗的毒副作用之间的严格逻辑关系。”

过去的文献和教科书在概念方面，一直说 Caspase-3 这个蛋白的活化会导致细胞凋亡，其活化也被公认是细胞凋亡的标志性时间。对此，邵峰又提出了自己的看法："这些结论都是在体外培养的某些细胞系里发现的，由此，我提出疑问——是不是所有细胞都是这样，特别是在动物和人体内的细胞也如此？"为了找寻直接证据，邵峰把体外实验室的培养研究移至小鼠体内后，惊奇地发现：化疗药物没有造成细胞坏死，发生的是细胞焦亡，而非很多年"公认"的细胞凋亡。

科学问题来源于质疑，没有质疑就没有问题，也就没有科学的持续发展。细胞凋亡和细胞焦亡是因研究体外和体内环境的不同，而不同的环境会有不一样的结果，混淆的话很容易导致认知逻辑上出现错误。如果不是邵峰的质疑精神和实证精神，很可能这个真相还要许久之后，才能够被揭开。

诚然，提出质疑的人，特别是挑战权威的理论，必然会遭到外界的反驳和回击。正因如此，许多人不敢提出质疑，要么是盲目听信，要么是闭口不言，避免给自己"找麻烦"。事实上，这都是违背科学精神的表现。

科学，只能实事求是，不能明哲保身；学术只讲真理，只认事实。在追求真理的道路上，要有勇气和信念，更要有淡泊名利、甘愿为真理献身的精神。否则的话，现代科学和一个又一个的奇迹，早就不复存在了。

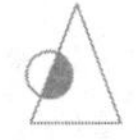

探索真理，比占有真理更为可贵

2007 年，中国科学院发布的《关于科学理念的宣言》中提到：

“科学精神体现为继承和怀疑批判的态度，科学尊重已有认识，同时崇尚理性质疑，要求随时准备否定那些看似天经地义实则囿于认识局限的断言，接受那些看似离经叛道实则蕴含科学内涵的观点，不承认有任何亘古不变的教条，认为科学有永无止境的前沿。”

科学是有局限性的，说得更准确一些，当下的科学结论是有局限性的。今天所谓的真理，明天就可能被打破、被推翻。毕竟，任何科学理论都是通过严谨的观察、实验、推论得出的，而科学论证的过程会受到当时客观条件的约束，因而结论并不总是一成不变的。

有些人畏惧外界的质疑，担心质疑就是否定了自己所做的一切，过去所付出的所有都变得一文不值。因此，内心对质疑声充满了抵触和抗拒。其实，这种担忧是完全没有必要的。

牛顿的力学定律，是牛顿用科学的方法求证而来，在很长一段时间里，它是正确的、是真理，也确实能帮助我们理解这个世界运行的规律。但是后来，爱因斯坦发现了相对论，这时人们才意识到，原来牛顿的力学定律并非在任何情况下都是真理。在微观世界里，力学定理是失效的。这意味着，“力学三定律可以解释这个世界的一切现象”

的理论，被打破了。

牛顿的力学定律被打破，就代表它没有意义和价值吗？人们就能否认牛顿的伟大吗？当然不是。他用科学的方式，探索出了部分真理。后人也正是因为先有了他探索出的部分真理，才有机会探索出更全面的真理。

我们可以用生活中的一件小事来比喻：当你吃到第三个馒头的时候觉得饱了，但你能说前面的两个馒头都白吃了吗？那些被打破的科学理论，就相当于前两个馒头，它们没让你最终吃饱，却为你吃饱打下了基础。

那些被质疑、被批判，甚至被推翻的科学结论，都是前人通过严谨的求证、积极的探索得出来的。如果没有它们的存在，后来者也就无法顺着前人研究的方向，找到真正的真理。正因为质疑，才让我们有机会听到多视角的意见，并引起回应和讨论。唯有那些被认真对待、得到理性回应的质疑，才能起到推动社会发展的作用。

西湖大学校长施一公院士说："做学问必须诚实，这是基本的学术道德。要有一说一，实事求是，尊重原始实验数据的真实性。在诚实做研究的前提下，对具体实验结果的分析、理解有偏差甚至错误是很常见的，这是科学发展的正常过程。可以说，许多学术论文的分析、结论和讨论都存在不同程度的瑕疵或偏差，这种学术问题的争论往往是科学发展的重要动力之一。越是前沿的科学研究，越容易出现错误理解和错误结论。"

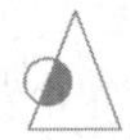

所以，不要因为害怕被别人质疑，就停止对科学的探索，不敢表达自己的独立意见；也不要因为前人的理论被多数人支持，就不敢提出质疑，把自己的见解默默收起。对于科学理论来说，一旦有了更好的解释，旧理论就需要修正，无论新的理论是自己提出来的，还是他人提出来的；对于探索者或科学家来说，也要保持开放的态度，随时考证自己的观点，通过实证去验证新的理论。

真正的科学精神，重要的不是占有真理，而是不断地探索真理。知识是无穷无尽的，也是会代际更新的，但思维方式会超越具体的知识而存在并发挥作用。创新能力的本质，最核心的要素就是打破常规，或是避免陷入前人的思维定式。

从这个意义上来说，拥有质疑思维的人，才不会落伍。

虚心地接受质疑，理性地回应质疑

2018 年年底，《科技日报》发表了一篇文章，名为《理性应对质疑，也是一种科学精神》。报道一开篇，就提出了几则新闻消息：

新闻一：有人对内蒙古牧区的高产饲料地蚕食草原、网围栏阻断生态链、导致草原生物多样性减少提出质疑，媒体深入草原展开实地调研，采访农林领域的专家和基层干部，借助权威数据证实，各项保护草原措施是功大于过的，平息了质疑的声音。

新闻二：华东政法大学的一位学生，因没有按时交作业，老师没有直接批评指责，而是提出“论证迟交作业的正当性”的观点。由此，师生二人开展了颇具学术性的交流。

新闻三：有人在抖音上发表视频，称小学语文教材拼音 chuà 和 ne 出错，误人子弟，部编本语文教材总主编温儒敏在微博上公开回应：拼音没有错，但读起来确实拗口，教材是公共知识产品，大家都可以批评指正，但最好不要炒作。

这三条新闻、三件事情，从表面上看，似乎都是独立的，没有任何的关联。但是，《科技日报》却表示，这三件事都回答了同一个问题：如何科学地应对质疑？三个事件中，被质疑的对象不同，涉及的领域也不同，但都属于社会热点话题，更是舆情的“燃点”。如果回应不当，很可能会掀起一股大的舆论浪潮，让事情越演越糟，甚至把真相湮没。

值得庆幸和称赞的是，这三个事件中的被质疑者，都保持着平和、理性的态度，积极地接受了质疑，而不是选择“甩锅”。他们没有玩弄官方辞令，也没有转移话题，而是选择了直面问题，真诚地应对，甚至用实证的方式去澄清事实。这样的做法，就从源头上制止了舆论，也获得了质疑者们的认同。

1928 年，物理学家狄拉克写出了狄拉克方程式，这是他毕生最突出的贡献。

然而，这个方程式所得出的解有一些负能，这是当时的人们无法接受的，甚至很多物理学家也对他冷嘲热讽，称他的研究是一个错误的方向。面对外界的质疑，狄拉克没有退缩，他选择再接再厉，用事实去证明真相。

1931 年，狄拉克又推出一个叫反粒子的新概念。他认为，宇宙里任何一个粒子，都必然有一个与其对应的反粒子。这个新概念的问世，又在物理界掀起轩然大波。1932 年，美国物理学家安德森发现了正电子。其时，外界对狄拉克的质疑声总算平息了，他们也彻底接受了狄拉克的方程式。

科学精神不唯上、不唯书，只唯实。但在探索真理的过程中，质疑声也是不可避免的。我们不能压制和阻挡质疑的声音，因为质疑是科学精神的重要内涵，更是一个社会健康运转的必要条件。我们也要清楚，质疑本身不是目的，发现事实和真理才是目的。如果抗拒质疑，排斥质疑，无疑就是在排斥真相；如果为了质疑而质疑，也会破坏社会共识，让社会心态变得浮躁。所以，我们才要虚心地接受质疑，理性地面对质疑。

当下互联网已成为人类生活中不可或缺的一部分。有的人为了引起关注，追求流量变现，不惜制造噱头、夸大其词，甚至是贩卖情绪、制造舆论，借“质疑”之名，行炒作之实。如果被质疑者无法给予有力有效地回击，“质疑”就可能掀起巨大的舆论浪潮，甚至让人们对被质疑者的人品产生怀疑。

2016 年 5 月 2 日，韩春雨关于新的基因编辑技术的论文在线发表。从 6 月初开始，就有人陆续在网上发帖，说自己在重复韩春雨的实验时遭遇失败。7 月 29 日，澳大利亚国立大学研究者盖坦 · 布尔焦在博客中分享自己重复失败的实验细节，并呼吁《自然 · 生物技术》杂志请韩春雨公布原始实验数据和实验条件。西班牙国立生物技术中心的研究员路易斯 · 蒙托柳也在重复实验失败后联系韩春雨，但没有结果。最后，他通过邮件组呼吁同行停止重复 NgAgo 实验，直到韩春雨做出解释。

当实验被多位同行确定不能重复，并遭受质疑的时候，韩春雨没有表现出应有的谦虚和坦诚，他以各种理由搪塞、辩解，甚至谩骂、攻击。期间，他经常说“有人想害我，因为我动了别人的蛋糕，他们要诬陷我”“我跟他们不是一个圈子，所以他们不认可我”，等等。他的这些表现，显然是有违科学精神的，不愿意接受质疑，连一个合格的科技工作者都谈不上，遑论科学家。

当我们面对质疑的时候，首先要保持冷静的情绪，然后要摆事实、讲道理，心平气和、有理有据地予以回应，在还自己公道的同时，也要让质疑精神回归它的本位。从这方面来说，虚心接受质疑，理性面对质疑，科学回应质疑，应当是质疑精神的延伸，也是一种科学精神。

唯有保持这样的处理质疑的态度，才能在面对时一分为二地分析，才能秉持事实地发表言论，才能恪守论题、遵循逻辑地与人争辩。这

些恰恰是我们这个时代需要的东西。

分清“怀疑病”与科学的质疑精神

现实中有不少“怀疑主义者”，他们以不信任的态度面对生活中的一切，不信自己，不信他人，也不信教法。他们怀疑一切，但通常又不愿意投入时间和精力去追寻事物的真相，只是一味地否定和不信任。他们喜欢高举“科学的质疑精神”的大旗，为自己不信任一切的行为找理由和借口。

事实上，他们的这种怀疑主义，与科学精神中强调的质疑精神，与科学家、思想家的质疑精神，是有本质区别的。质疑是科学精神的基础，但科学里的质疑都是有前提条件的。

首先，科学工作者经受过严格的专业训练，他们不会胡乱地提出质疑，而是有针对性地对某一个理论、某一个观点存在异议；其次，科学工作者除了有较强的质疑精神以外，他们也有强烈的信任能力，可以坦然地接受和信任许多东西，而不是一味地怀疑；再次，质疑是科学工作者对待事物的开始和过程，而不是最终的目的，他们不是为了质疑而质疑，而是通过合理的质疑去探寻事物的真相。

科学工作者秉持质疑精神，为的是更深入地了解事物，提升自己的认知，最终找出真理，通常只是相对于某一些事情而言；怀疑主义者的怀疑，是否认一切、排斥一切，几乎是全盘否定人生、怀疑世界，最终离真理越来越远。

怀疑与相信，二者不可偏废。盲目地信服是不理性的，别人说什么就信什么，不假思索，是缺乏独立思考的表现。其实，盲目怀疑一切也是不理性的，它走的是另一个极端，对一切无缘无故地不信任。

科学的质疑应当该建立在实证和理性的基础上，如果盲目猜疑，就会变成无中生有、胡搅蛮缠、指鹿为马、肆意诋毁，与科学精神背道而驰，渐行渐远。

根据牛顿定律，可以精确地预测行星的运行轨迹。但是，早在牛顿时代就有人发现了一个特例，那就是“水星进动”的问题。水星在近日点进动的观测值，与牛顿理论计算出的理论值不符，这个问题存在了200年都没有得到解决。

科学家们没有借助这件事立刻就否定牛顿理论，他们充分考虑了各种可能存在的因素，如：是否有一颗尚未发现的行星，对水星产生了引力影响？在没有找到确凿的证据，或是其他人提出更精确的理论之前，不足以否定牛顿理论。直到爱因斯坦广义相对论发表，水星进动问题才得到解释。

科学的怀疑，是以客观事实为基础，以实验和检测为手段的，合理的、有根据的怀疑。怀疑旧理论的最终意义并不是终结它，而是改善它，或者为全新的理论奠定基础。

 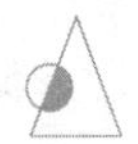

化学这门学科在被纳入自然科学之前，属于炼丹术士和炼金术士的领域。在17、18世纪，对于“燃烧”现象最权威的解释，就是炼金术士们提出的“燃素说”。这一说法认为，物质之所以会燃烧，是因为里面含有一种叫作“燃素”的东西，燃素的多少决定了燃烧的强弱，不含有燃素就不会燃烧。

这一理论能够解释很多化学现象，但也有一些漏洞引起了科学家们的怀疑。俄罗斯科学家罗蒙诺索夫通过实验证明，金属在密闭容器内加热质量不会增加，而在空气中加热质量就会增加，从而对燃素说提出了强有力的质疑。后来，法国科学家拉瓦锡从空气中成功分离出氧气，最终建立了氧化学说，彻底推翻了流行100多年的燃素说。

没有质疑精神，就没有深刻的思想。在探索未知和真理的征途中，我们需要有质疑的精神，也需要有质疑的勇气，但我们不为了怀疑而怀疑，也不单纯为了否定而怀疑，成为不理性的、无视一切的怀疑主义者。作为普通的民众，我们应当坚守这样的初衷：“保持独立思考，怀有一颗初心，相信这个世界的真善美，也批判这个世界的假恶丑，用自己的眼睛去看、耳朵去听、大脑去想，再付诸行动，年轻的生命才更饱满、更有意义。”

时移势迁，批判精神永不褪色

有一次，俄国沙皇亚历山大在彼得堡夏季公园散步，他看到一个士兵在草坪中央执勤，就好奇地问他：“你怎么站在这里？还用屁股对着我？”士兵毕恭毕敬地回答：“这是命令！”

沙皇百思不得其解：士兵为什么要傻傻地站在草坪中央，这完全不合乎常理，且站姿还如此奇葩？为了弄清事情的原委，沙皇就让侍从去公园的警卫室打探。

侍从去了，但没有得到满意的答复。因为警卫室的所有人都只知道这是命令，至于是谁下达的命令，为什么要下达这样的命令，他们也不知道。

后来，一位历经沧桑的老仆人偶然提起这件事，大家才恍然大悟。原来，在若干年前，沙俄女皇叶卡捷琳娜在彼得堡公园看到了一朵盛放的雪莲花。女皇欣喜若狂，下令任何人都不许接近。为了执行女皇的命令，大臣们就派士兵在草坪中央日夜看守。日复一日，年复一年，尽管那朵雪莲花早已经凋谢枯萎，可在草坪中央站岗的制度一直被延续着。

听起来有些可笑，但透过这个故事，我们是否也能领悟到什么？

在惯性思维和权威面前，很多人缺乏独立思考的能力，缺乏与之平等对话的勇气，不敢去质疑和挑战，更不敢提出批判性的意见，继而选择沉默或随大流；在僵化的体制面前，质疑和批判精神遁匿无形。或许，执勤的士兵可能也会想：为什么要长年守着一片草坪？但是，

 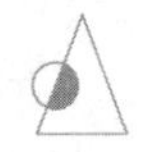

他们不敢去质疑和批评，甚至压根就没有思索，走在一条错误的路上而不自知。

很多时候，人们不敢批判、不去批判，除了畏惧权威以外，就是对批判心存误解。他们认为，批判就是挑刺、抬杠、找茬，甚至是人身攻击。然而，事实并非如此。

贝尔纳说："在科学中，批判一次并不是不赞成的同义词，批判意指寻求真理。"批判是寻求真理的必要路径，批判带有正向积极的意义，不夹杂主观上的恶意，也不是毫无根据的否定，更不是打击某个人。批判的出发点是为了引发对方更深层的思考,从而采取正确的策略，朝着真理的方向更进一步。

"怀疑一切"是马克思的人生箴言，他始终致力于"在批判旧世界中发现新世界"，他的著作中随处都可以看到批判的光芒，有些论著直接就是以"批判"命名的，如《黑格尔法哲学批判》《资本论——政治经济学批判》等，这些都体现了马克思的批判品格。他发扬了辩证法的彻底批判精神。

大文豪鲁迅先生，也是一个坚守批判精神的人。鲁迅先生对历史和现实有着深刻的洞察力，这也是其批判精神形成的源头。不过，他的批判是理性的，从不针对个人，而是针对社会普遍存在的痼疾，针对传统的封建文化，针对愚昧、麻木的看客，其目的是"揭出病苦，引起疗救的注意"。

事实上，鲁迅的文章和他的精神，也的确影响了许多人。

诺贝尔文学奖的获得者莫言先生就曾直言不讳地说："现在的作家，想摆脱鲁迅那一代人的影响是不可能的。我们这一代人，从小就阅读他们的作品，不仅是阅读，同时也在感同身受着他们作品中所表现出的精神。那种社会的精神，民族的精神，对社会和民族进行批评的精神，这个在我们的小说里是一直延续下去的。"

无论我们是否愿意承认，有一个无法回避的事实摆在眼前：合格的批判者，以及对待批判者的宽容态度，是我们当下社会亟须拥有的资源。在这个急剧变化的时代，没有合格的批判者，或是无法科学地、理性地对待批判者，都会带来无穷的恶果。

批判是为寻求真理，而非发泄情绪

我们经常会在社会中看到一些偏执而又矛盾的年轻人：

他们对社会中的很多事情都心存偏见，因而满腹"怨气"；看到好人好事，就认为是故意作秀；看到有人走红，就揣测是否有"内幕"。总之，他们怀疑每件事情背后的动机，对很多东西都给予尖锐的抨击。更令人感叹的是，他们不觉得这样的思维方式有问题，反倒将其视为有独立思想的表现，认为这是质疑精神和批判精神在生活中的存在形式。

 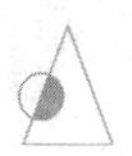

很明显，这种怀疑不是科学的质疑精神，而是一种虚无主义的“怀疑病”；这种对现实诸多事物的抨击，也不是科学的批判精神，而是一种愤世嫉俗的偏激。他们选择的是“把问题情绪化”，而这也是很多人在“批判”中经常会犯的错误。

情绪是我们在认识世界的过程中，在通往真知的路上最大的敌人。批判性的思维，一定要建立在理性的基础上。如果批判不注重事实，不坚持理性，只是逞一时之快，发泄情绪上的不满，或是坐而论道、清谈空谈，为了批判而批判，那这种批判就脱离了它的初衷——寻求和发现真理，也无助于对问题的发现和解决。

就如康德在《纯粹理性批判中》所说：“理性的批判最终必然导致科学，与此相反，理性不经批判的独断应用则会导向无根据的、人们可以用同样明显的截然相反的主张与之对立的主张，从而导致怀疑论。”

那么，我们该如何正确领会批判精神，并科学地运用呢？

第一，对批判秉持开放的态度。批判不是喜欢挑刺，而是抱着消除错误的目的发现错误，寻求和发现真理。因此，我们必须要正确认识批判精神，把它视为改进思想与理论的一种助力。

第二，批判的对象是理论，而不是个人。理性的批判不是去批判坚持某一理论的个人，而是批判理论本身。相反，我们要尊重个人以及由个人所创造的观念，即使这些观念是错的。如果任何人都不去创造任何观念，我们终将一事无成。

第三，遵守批判的游戏规则。所谓的“游戏规则”，就是不回避、不蔑视批判，无论是批判者还是被批判者都应该遵守，并随时准备在理由充分的条件下，修正自己的意见。在科学中，批判不是简单的“不赞同”，而必须要有充分的理由和根据，据“理”力争。

第四，科学批判要有理论根据。哲学批判可以是无立场、无前提、无定见的，甚至可以天马行空、独往独来；但科学批判一定以客观存在和科学事实为依据，不可随意而行。

第五，不要忽略自我批判。每个人都存在认知上的盲区和思维死角，认识事物的深度和广度也存在差别。我们除了向外质疑，也要向内质疑。如果仅仅把批判的矛头指向外界，而忽略对自身的反思，就容易陷入以自我为中心的漩涡，难以突破和创新。所以，在批判他人之前，先要具备自我批判的意识和能力，正视自身的不足，接纳自己的不完美，才能不断地进步和成长。

我们要培养科学的批判精神，将其视为追求真理、检验真理的一种手段，通过科学批判的方式，找寻到正确的东西。切忌把批判变成不理性的怀疑和盲目的指责，最终沦为情绪的奴隶。

或许，改变了边界，
世界就改变了

Chapter6

进取精神

——“科学的永恒性在于坚持不懈地寻求”

高伯龙：一生恋激光，矢志永不悔

2014 年，央视新闻节目在介绍国防科技大学激光陀螺团队时，画面中出现了一位 86 岁的老人在电脑前工作的情景，令观众们感慨又惊叹。那位老人，就是我国第一代“陀螺人”中的先锋——高伯龙。

1928 年 6 月 29 日，高伯龙出生在广西南宁。在抗战时期，为了躲避战乱，他跟随母亲在老家岑溪居住，此后就跟随父亲辗转各地，就读过多所小学，也曾休学在家自修。他两次跳级，小学毕业时只有 10 岁半，但因父母忙于工作，而居住地信息又比较闭塞，竟错过了报考中学的时间。1940 年，他考入桂林汉民中学。

1944 年，高伯龙刚刚进入高二年级不久，日军进犯广西。战火中断了他的学业，在国难当头之际，16 岁的高伯龙决定投笔从戎，抗击日寇，他和一起报名从军的同学徒步前往四川入营。然而，他所在的青年军大部分都没有赴前线作战，从戎抗敌的愿望破灭了。这个时候，

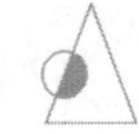

他的志向也发生了改变，决意要朝着科学强国的方向发展。

抗战胜利后，高伯龙重返校园，他在上海中学学习了一年后，就于 1947 年考入清华大学物理系。1951 年，他被评为清华大学物理系应届优秀学生。毕业后，高伯龙希望进入中科院近代物理研究所从事理论研究工作，这是他擅长且热爱的方向，但最终他却被分到了中科院应用物理研究所。1954 年，他被哈军工选调到该校物理教授会担任物理教学工作。

因为工作出色，高伯龙很快就成为学院青年教师中的佼佼者，1956 年晋升为主任教员、讲师，1962 年晋升为副教授。工作后的他，一直坚定地认为，只有多读书、钻研学问，多做实际研究工作，才能报效国家。揣着这样的信念，他在那个年代吃了不少苦，可即使身处逆境，他依然未曾动摇科学强国的志向，始终孜孜不倦地进行学术研究。他日益深厚的理论物理造诣，为其在激光陀螺研究领域取得丰硕成果奠定了基础。

20 世纪 60 年代初，美国发明了世界上第一台红宝石激光器和第一台氦氖红光激光器，引发了世界光学领域的一场革命。世界各国的科学家们都开始关注并研究，如何把激光应用于航空航天领域，并纷纷开始进行“环形激光器”的研制工作。

1971 年，高伯龙接受了钱学森的建议，调任由钱学森倡导成立的国防科技大学激光研究实验室。自此至 20 世纪 90 年代中期，是全国激光陀螺研制最为艰辛的20年。高伯龙率领团队从零开始，从基本原理的研究、主攻方向的确定，再到一项项工艺技术的突破，在艰难险阻中开辟了一条由中国自主知识产权研制的激光陀螺的成功道路。

激光陀螺，也被称为环形激光器，利用物体在惯性空间转动时正反两束光随转动而产生频率差的效应，来感测其相对于惯性空间的角速度或转角。如果配合加速度计，它能够感知物体在任意时刻的空间位置，对航空、航天、航海，尤其是军事领域有非同寻常的价值。20世纪60年代末，我国有一些科研单位也进行过这项研究，但最终因为种种原因被迫放弃。

高伯龙和团队在创业之初，条件十分艰苦，就连铁架子、点焊机等最基本的器材，都要靠自己动手制作，而且团队中的不少成员，完全不知道制作激光器需要哪些材料。可是，再难也要往前走，没有实验场所就把废弃的食堂改造一下，没有软件就自己动手编程，经费不足就用废弃的材料自己制造设备。

激光陀螺是一个多项复杂技术的集合体，每个环节都要求精细化操作，因而困难源源不断地袭来：超抛加工、超抛检测、化学清洗……这些问题都在等着他们解决。一个个不眠之夜，一次次全力奋战，他们终于把成功路上的障碍逐一清除了。高伯龙带领团队成功研制出多种型号的激光陀螺，创造了无数个“第一次”。

碍于工作性质和保密等原因，高伯龙虽参与激光陀螺研制数十年，但公开发表的论文只有30多篇，可每一篇文章都有很强的指导性和实践性，他从来都不做空泛的理论研究。这种对科学研究的严肃态度和严谨学风，也深刻地影响了他的弟子。他在衡量评价博士生、硕士生的学术水平时，都以能否解决实际问题为标准。他交给学生的课题，全部是激光陀螺研制中急需解决的攻关课题，甚至是研制国外禁运的先进仪器设备，难度可想而知。现如今，他的很多弟子都已经成为国防科技大学激光陀螺研制领域中的新先锋和新骨干。

1975年，高伯龙在突破了四频差动陀螺若干关键理论问题后，将研究心得整理成十几万字的《环形激光讲义》在全国公开发行。在这本册子里，他毫无保留地将自己的理论研究成果向全国同行进行了详细的介绍。

1997年，高伯龙当选为中国工程院院士。随着时代的发展，以及激光陀螺的逐渐成熟，高伯龙又把科学探索的触角伸向了激光陀螺的重要应用领域——惯导系统的研究。他带领并指导自己的博士生在2010年研制成功一套双轴旋转式惯导系统，有效地解决了激光陀螺漂移误差而影响系统精度的问题。

2017年12月6日，犹如一束绚丽的激光划过长空，研究了一辈子激光的高院士，因病在长沙逝世，享年89岁。

爱因斯坦说："第一流人物对于时代和历史进程的意义，在道德品质方面，也许比单纯的才智成就方面还要大，即使是后者，它们取决于品格的程度，也许超过通常所认为的那样。”

斯人远去，风骨长存。高伯龙院士静静地走了，可他在科研上坚持不懈、勇攀高峰的精神品质和信仰，却化作了一束至纯至强的光，照亮着新时代的科技征程。

不畏惧失败，更不畏惧承认失败

数学界的泰斗、院士、首届国家最高科技奖获得者吴文俊，身后有无数耀眼的光环，是我国最具国际影响力的数学家之一，他在拓扑学领域做出了奠基性贡献，在机器证明数学定理领域做出先驱性贡献。在回顾毕生的科研历程时，他总结了这样一句话：“搞科研就是——敲地狱之门。”

说这番话的时候，他的语气略显沉重。在他看来，搞科研就得做好“吃苦头”的准备。曾有记者问他：“您好像曾经向学术界公开宣布，您的一些研究成果是错误的？”提问的时候，记者是小心翼翼的，但吴文俊的回答却很坦荡：“科学实验不怕失败、公布失败，科学家应该老老实实，对就是对，错就是错，这是最起码的科学态度。”

对于这一点，很多科学家都有相似的感触，因为他们都是从一次又一次的失败中走过来的，又都是在一次又一次纠正谬误之后，逐渐地接近真理。解析蛋白结构、破译疾病密码的饶子和院士，就曾经说

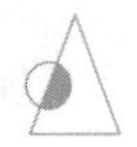

过与吴文俊院士相似的话："做科学研究就是要有穷追不舍的精神，机遇只会垂青有准备并一直在努力的人。科学研究是个痛苦的积累过程，不断地探索和积累总会感动上帝，让运气降临到你的头上。做科学研究，就不能怕摔跤。"

饶子和院士说的"摔跤"，就是在科学探索路上遭遇的挫败。然而，这种挫折又是不可避免的，关键是能否保持一种屡败屡战、穷追不舍、大胆前行的勇气和精神。

"猎兔犬2号"是英国研制的火星登陆器，由欧洲宇航局的"火星快车"带入火星轨道，但在成功脱离母体飞向火星后就杳无音信了。它曾经是科学家们的梦想，科学家原计划是在"猎兔犬2号"登陆火星后，从红色星球向地球发回第一个圣诞节问候。发生这样的事情后，科学家在研讨会上做出了一个无情结论："猎兔犬2号"可能已在火星表面坠毁。

"猎兔犬2号"被确定为英国太空探索史上一次失败的记录。按照规定，英国贸工部科技部长要就此接受议会的质问，解释项目的失败原因。这听起来是挺令人沮丧的，但真实的研讨会却没有任何情绪化的悲壮和气馁，有的只是求真的科学分析。

火星项目的科学家在研讨会上展示了很多"火星快车"最新发回的图片，他们对可能落地区域的一些亮点和一系列火星最近的数据进行分析后，得出推论：由于火星大气层密度比预计得要稀薄，“猎兔犬2号”进入火星大气层后没有遇到足够的阻力，下降速度过快，因没来得及打开降落伞而坠毁。与此同时，他们还针对此问题，有理有据地提出了应汲取的教训，并认真回答了其他科学家们的尖锐提问。

科学家也是常人，分析自己研发成果的失败，无异于对自己死去孩子的解剖，需要莫大的科学勇气。他们在回顾整个研究计划的过程时，播放了大量的工作录像，勾起了很多回忆。特别是负责该项目的科学家科林·皮林格，记者曾一度担心他无法承受如此打击。

可是，在研讨会上的皮林格教授，虽没有当初“猎兔犬2号”发射倒计时那一刻的兴奋，但也已经走出沮丧，恢复了信心。他对与会的科学家们说：“我希望这不是我们探索火星的结束，而只是一个开端的结束。欧洲不应该放弃火星探测的机会。”记者问他，是否还要继续火星项目？他斩钉截铁地说：“当然！”这种摆脱了个人功名利禄的科学勇气，让在场的所有人肃然起敬。

科学家不畏失败，更敢于承认失败的进取精神，固然是值得敬畏的，与此同时，我们也要看到，能够帮助科学家直面失败的，还有宽容、务实的科学氛围。在研讨会场的休息室里，有来自英国女王办公室的慰问信。女王在信中用温馨的语言对“猎兔犬2号”的失败表示遗憾，但她称赞皮林格四年多的努力表现了英国人坚忍和独创的品格。这样的态度和评价，无疑给痛苦中的科学家们带去了巨大的精神安慰与支持。

 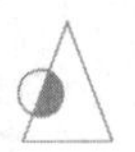

透过这个实例，我们应该看到，人类探索科学是一条充满艰难坎坷的道路，在这段历程中，有许多建树里程碑的大科学家值得世代敬仰，但那些敢于直面失败的科学家，也同样值得尊重。正是他们在一次次对失败的科学拷问中，让我们的认识逐渐接近真理。

做科研如是，生活工作亦如是。英国《泰晤士报》前总编辑哈罗德·埃文斯，一生经历过无数次失败，却一直坦然面对，他用亲身的经历告诉我们："想要取得成功，就必得以失败为阶梯。失败是有价值的，面对失败正确的做法是——勇敢地正视失败，然后找出失败的真正原因，树立战胜失败的信心，以坚强的意志鼓励自己一步步走出败局，走向辉煌。"

一切贪图安逸的想法都要不得

美国海军陆战队有一个铁定的政策：所有士官和军官，无论在工作上有多胜任，表现有多优秀，每隔半年都必须参加一次体能测试。未能通过测试者，将接受严格的重新考评。如果仍未过关，他的职业发展就可能到此终结。所以，无论是新入伍的士兵，还是久经沙场的军官，任何人都不敢懈怠，不敢躺在军功章上过高枕无忧的日子。

这支队伍里没有安逸，没有悠闲，每个人都要时刻保持战备状态，不断地打磨、约束、提升自己。他们牢记着一点：随时备战，为获胜做好一切准备。正是秉承着这种严肃、进取的精神，海军陆战队才得以创造出传奇般的事迹。

羚羊与狮子的故事，想必很多人都听过：在非洲大草原上，狮子想要活命，就必须捕捉到足够的羚羊作为食物；羚羊若要活命，就必须跑得比狮子更快。在这种没有退路的竞争状态下，大自然把狮子造就成了最强壮凶悍的动物，也把羚羊造就成了最敏捷善跑的食草动物。

什么叫作适者生存？不是淘汰羚羊或狮子，而是淘汰羚羊和狮子中不能适应环境的弱者。竞争的过程，从表面上看是淘汰对手的过程，可实质上却是不断克服自身缺陷、让自己变得更加强大的过程。企业竞争和自然界竞争一样，也遵循着优胜劣汰的法则，无论你是“羚羊”还是“狮子”，当太阳升起的时候，你都必须得“跑”起来。

钱学森是一位享誉国内外的自然科学家和工程技术专家，且是一位在哲学、人文和社科等领域造诣很深的全面人才，将其称为“百科全书式”学者一点也不为过。他是一个不安于现状、力求奋进的人，用他自己的话说：“我从工程技术走到技术科学，又走到社会科学，再去叩马克思主义哲学的大门。我感到只是理和工是不够的，不懂得社会科学不行，所以开始下功夫学习社会科学，也涉及哲学。”

钱学森在退出国防科研领导一线后，并没有停止科研工作。此后的二十多年，他构筑现代科学技术体系，提出并亲自指导和参加研究系统科学、思维科学和人体科学等科学大部门，提出了科学革命和“第二次文艺复兴”的命题，提出了从定性到定量、人机结合、以人为主的综合集成法、研讨厅体系和总体设计部的构想，提出了大成智慧学，大成智慧工程和大成智慧教育，等等。他的科研活动，几乎涉及人类活动的所有领域。在他构筑的开放的和发展的现代科学技术体系中，每个大部门中都有他独特的创新和建树，许多思想理论和观点都十分珍贵。

为什么钱学森在学术上能有如此卓著的成绩？这与他具备的科学精神有着不可分割的联系。科学精神，不是科学家头脑里与生俱来的，也不是上天赐予的，而是在从事科研实践活动中逐渐形成的，是科学家本身实践活动反映出的一种精神。在科学上有重大发现、发明和创造的科学研究者，无疑都具备进取精神，永远不会贪图安逸、停止学习和探索。

对于我们而言，在处于该奋斗、该提升的年纪，也不能贪图安逸。因为，过分安逸和轻松的背后，隐匿着诸多的危机，如思维被固定的环境束缚，逐渐丧失适应外界环境的意识，在舒适的环境中滋生懒惰，失去向前发展的动力和能力等。

要培养进取精神，避免沉溺于安逸之中，我们就要努力做到以下几点：

第一，时刻保持危机意识。

羚羊和狮子在生存的压力之下，从不敢松懈一丝一毫。它们知道，如果不努力去奔跑，就意味着有一天会被大自然淘汰。职场一样遵循物竞天择的规律，没有居安思危的意识，就会麻痹大意，疏忽松懈，在激烈的竞争中被超越、被淘汰。

有危机不可怕，没有危机才可怕，而没有危机意识更可怕。现实中有很多人、很多企业就是因为沉迷于安逸的现状，没有危机意识，最终被竞争的浪潮吞没。

第二，不断树立新的目标。

无论羚羊还是狮子，只要太阳一出来就会奋力奔跑，日复一日，年复一年。这是它们给自己树立的目标，而实现目标的结果也很明显：狮子可以获得美餐，羚羊可以保住性命。在目标的指引和结果的支撑下，它们坚持不懈地努力。

牛顿曾经说："我所取得的一切对我来说都不重要，我的成就感来自我的不断超越。今天的我要超越昨天的我；而今天的我将被明天的我超越。"

我们不是科学家，但也要不断地给自己树立目标，并为之付诸努力。这个目标开始时可以很小，当小目标实现后，可再树立更高一点的目标，同时改进工作方法。在这种不断超越自我的过程中，个人的工作能力会得到提升，事业的积累会更加成熟。

第三，在竞争中不断成长。

世界顶尖潜能大师安东尼·罗宾说："并非大多数人命里注定不能

成为爱因斯坦式的人物。任何一个平凡的人，只要他不害怕竞争，就可以成就一番惊天动地的伟业。”

当我们为了成功的事业和美好的生活打拼时，一定会遇到各种各样的竞争，遇到各种各样的对手。不要畏惧竞争，有了对比和较量，你可以清楚地知道自己的实力，也可以发现自己的不足，还可以从对手身上获取经验和力量。即使失败了，当你鼓起勇气重新站起来的时候，你就比之前上升了一个高度。

用 100% 的热情去做 1% 的事

1924 年 11 月，哈佛大学心理专家梅奥率领研究小组，对美国霍桑工厂进行了一次试验：渴望通过改善工作环境等外界因素，找到提升劳动生产效率的途径。他们选取了继电器车间的六名女工作为观察对象。在七个阶段的试验中，主持人不断改变照明、工资、午餐、休息时间等因素，希望能发现这些因素与生产率的关系。奇怪的是，无论外在因素怎么改变，或高或低，或好或坏，试验组的生产效率一直都在上升。

为什么会出现这样的情形呢？几经思考，他们才意识到：当这六名女工被抽出来组成一个工作组时，她们意识到了自己是一个特殊的群体，是被关心的对象。这种受关注的感觉，让她们开始加倍努力，以此来证明自己是优秀的，是值得关注的。另外，这样的特殊位置，让六个女工团结得很紧密，谁都不愿意因为自己的疏忽大意或能力不足，导致集体效率下降，因而合作关系就变得十分默契。个人的微妙心理和积极上进的精神，促使着她们的效率不断提升，无论环境好坏，都不足以影响她们。

有些情况下，工作和环境是我们无法选择和回避的，但工作的态度和做事的热情，却全在于自己。如果内心不愿意去做好一件事，再大的外力也无法激发自身的主动性，我们也会不断地找理由为自己开脱，继续懈怠和消沉。

“我有许多梦想，它们都在遥远的地方，为了梦想，我独自远航。”

说这番话的人，名叫钟扬。1979年，15岁的钟扬考入中科大少年班。从无线电专业毕业后，他进入中科院武汉植物所工作，开始从事植物学研究。他天资聪颖，勤奋好学，二十几岁就成为当时国内植物学领域的青年先锋。

2000年，钟扬放弃了武汉植物所副所长的岗位，到复旦大学担任教授。他不看重名利，考虑更多的是社会和国家，以及长远的未来。到了复旦之后，他跟学院的几位老师一起承担了重建生态学科的使命。他愈发意识到：人类活动和环境的不断变化，许多物种都在消失，保存种质资源已经成为一项基础性、战略性的工作。从那时起，钟扬就萌生了一个梦：

要为国家打造生态屏障，建立起青藏高原特有植物的“基因库”。

2001年，钟扬第一次来到西藏。当时，他只是和同事、学生一起野外考察，没有人想到，此后的16年，他的工作重点都没有离开这片土地。青藏高原是我国最大的生物“基因库”，有1000多种特有的种子植物，只是高寒艰险、环境恶劣，很少有植物学家会涉足这里，也从来没有人盘点过这个世界屋脊的生物“家底”。

身为植物学家的钟扬，自然懂得种子的重要意义，它能为人类提供水果、粮食、青蒿素等，关系到人类未来的生存，以及医药事业的发展。为此，钟扬决心要投身于收集种子的事业。为了西藏巨柏的种子，他和藏族博士扎西次仁曾经在雅鲁藏布江两岸，给每一棵巨柏登记，花费了3年多的时间，把世界上仅存的3万棵巨柏全部登记在册。

十几年下来，钟扬和同事收集了4000多万颗种子，占西藏所有物种的1/5。他得意地表示，未来10年，也许还能再完成1/5，20年下来就能把西藏的种子库收集到3/4，可能再用30年就能全部收集完！

青藏高原科研环境艰苦，正因如此，钟扬才意识到，要把青藏高原生物多样性和生态屏障的研究延续下去，不能光靠自己。这片神奇的土地，需要的不仅仅是一位生物学家，更需要一位教育工作者，将科学研究的种子播撒在藏族学生的心中，才是更有意义的选择。

16年间，钟扬为了培养西藏人才倾注了全部的心血，为西藏生态学的未来发展奠定了坚实的基础。2015年，钟扬突发脑溢血，死里逃生苏醒后，医生和亲友、同事都劝他停止援藏的工作，说他是在用生命做赌注。可是，钟扬却再次向组织递交了继续担任援藏干部的申请书。他曾经说过：“环境越恶劣的地方，生命力越顽强。”

在周围人眼中，他就如同青藏高原的藏波罗花，深深扎根，顽强绽放。他把生命最宝贵的时光，献给了祖国最需要的地方，填补了西藏高等教育的空白，放飞了科研的梦想，成为雪域高原的精神坐标。

2017 年 9 月 25 日，这位可爱可敬的复旦生命科学院教授、植物学家钟扬，在内蒙古鄂尔多斯市出差的途中遭遇车祸，不幸离世，终年 53 岁。

钟扬生前留下过这样一段遗言：“任何生命都有结束的一天，但我毫不畏惧。因为我的学生，会将科学探索之路延续；而我们采集的种子，也许在几百年后的某一天生根发芽，到那时，不知会完成多少人的梦想……”

没有热情，永远不可能在所处的领域中立足和成长，更不会有成功的事业和充实的人生。对我们来说，计较工作的性质和职位的高低，以此衡量是否值得投入，无异于自我限制。换一种方式，用 100% 的热情去做 1% 的事，往往能在“微不足道”中创造出惊人的成绩。

钟扬走了，如同一颗种子回归大地。但我们相信，那颗叫作“钟扬”的种子，必将会生根发芽、滋养大地，伴随着一代又一代的植物界科研人，一路追梦，一路前行，一路奋进。

提升学习力，才能提升竞争力

传说老鹰到了 40 岁，喙就会变得越来越长，越来越厚，爪子变得越来越迟钝，身上的羽毛也越积越厚，飞行起来愈发笨重。此时的老鹰，只有两个选择：要么等死，要么挑战自我。

在战胜自我这个问题上，老鹰很聪明，意志也非常坚定。当它们迎来 40 岁后，就会艰难地飞行到某一处布满岩石的山区，把喙在岩石上来回磕打，最终把喙打掉。过一段时间，喙稍微硬了一点儿，它们又会用喙一点一点地把爪子上的指甲拔掉，再一点一点地把身上多余的羽毛拔掉。这时候的老鹰极其脆弱，但这样一次痛苦的自我改造和自我批判，带来的是 150 天之后的重生。完成了这样的蜕变，它还可以再活 30 年。

科学发展和个人成长都一样，到了一定的阶段之后，过去所依仗的东西，可能会变成短板或负担。如果想要百尺竿头更进一步，就不得不给自己一个新的定位，完成蜕变。螃蟹刚生下来的时候，只有米粒大小，慢慢长到豆子大，再后来长到橘子那么大，抑或更大。每一次成长，都必须把原来的壳蜕掉。

复旦大学原校长杨福家教授提出，从走出校门的那一天起，大学四年所学的知识 50% 已经老化，“一次性学习”的时代已告终结。有权威机构预测：到 2020 年，知识的总量是现在的 3~4 倍；到 2050 年，现在的知识只占届时知识总量的 1%。

法国的埃德加·富尔在《学会生存》中写道：“未来的文盲，不再是不识字的人，而是没有学会怎样学习的人。一个人从出生下来就开始学习说话，学习走路，学习做事，学习一切生存的本领。当人学会了走路和说话，学会了做事，这只是具备了基本的自理能力，低级的动物也具有这种基本的自理能力。作为高级灵性动物的人类，要学会更高的生存本领，学会超越他人的本领，学习达成卓越人生的本领，这些本领从何而来？就是有超越他人的学习力。”

中国一汽大众有限公司的高级技工王洪军，身材不高，其貌不扬，多年以来，一直坚守在焊装车间的一线。他看上去跟车间里的普通工人没什么两样，但在平凡的岗位上，他却创造出了一番令人瞩目的成绩。

1990 年，王洪军从一汽技工学校毕业后，进入一汽大众焊装车间做钣金整修工。钣金整修工作的技术含量非常高，最初，公司的这项工作主要是由一位德国专家负责，中方的员工只负责打下手，递递工具，干点小活。王洪军刚开始做的就是这些事，但他做得很认真，一边打下手，一边练手，他心想：“合资”是“合”，不能“靠”，做合资产品还得练好“中国功夫”。

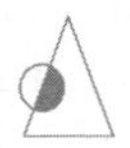

有一次，德国专家下班了，他壮着胆，用自己掌握的理论尝试着去修理一辆已经被专家判定为修复不了的“白车身”。结果，干到第二天半夜也没弄好。德国专家发现后，很不高兴，车间里也有人议论，说他逞能。王洪军觉得有点委屈，好在车间主任给了他鼓励，说：“别灰心，没修好是功夫不到。‘中国功夫’是练出来的，功到自然成。”

从那时开始，王洪军就像着了魔似的，上班偷着练，下班也鼓捣。工作之余，他经常跑到图书馆翻阅相关资料，或是到专业书店购买工具书，自学热处理、机械制图、金属工艺等，对照着课本反复操练。通过几个月的学习和实践，王洪军终于修好了一台车。车间主任看了后，很高兴，并找到德国专家鉴定。专家把王洪军修的“白车身”切割成一条一条，分段进行检测，还专门到质保部，用仪器全面检测，发现钢板厚度、结构尺寸等完全符合标准。德国专家很佩服，连连说好。

自那以后，王洪军对工作的钻研更加深入了。他明白，做钣金修整，工具是关键，但之前用的工具都是德国进口的，价格高，订货周期长，品种也不齐全，有些缺陷根本无法修复。于是，他开始琢磨自己制造工具。面对周围人的半信半疑，王洪军坚定地表示：“不做就永远不行，做了总有一天能行。”

靠着这份专注和坚定，王洪军先后制作了Z形钩、打板、多功能拔坑器等整修工具40多种，共计2000多件，几乎满足了各种车型、各类缺陷的修复要求。在发明制作工具的同时，王洪军还总结出了快速有效的钣金整修方法，创造出了 47 项 123 种实用又简捷的轿车车身钣金整修方法，并且被命名为“王红军轿车快速表面修复法”。

各大汽车企业做钣金整修的车间工人不计其数，可能做到像王洪军一样精而专的，却寥寥无几。归结原因，技术是其次，重要的是学习意识和学习力。任何领域、任何工作，都会有难以攻克的“难题”和有待改进的地方，有的人不关注，认为做好自己的事情就可以；有的人留意到了，愿意去学习、去思考、去解决，于是就有了平庸和不凡。

人的一生是短暂的，专门用来学习的时间更是少得可怜。学校里获取的教育只是一个开端，其价值在于训练思维使我们能够适应以后的学习和应用。他人传授给我们的知识，远不如自己勤奋学习和工作实践所得的知识更深刻、更久远。

所以，我们要细心观察研究生活中接触到的所有事物，珍惜一切学习机会。在青年时期，积累知识比积累金钱更重要，我们在学习中获得的内在财富比有限的薪水要高出数倍，自身的价值也会随之翻倍。

持续的动力是找到做事的意义

理查德·费曼是 20 世纪最重要的物理学家之一，诺贝尔物理学奖获得者。他对世间的很多事物都拥有强烈的好奇心，除了研究物理以外，

他还有不少传奇的经历，如破解保险柜密码、演奏手鼓、破译玛雅象形文字等。

费曼的天赋很大程度上来自于父亲的教育，在他很小的时候，父亲就开始教他认识世界的奇妙。他还从父亲那里继承了一项优点——学到任何东西，都要琢磨它究竟在讲什么，实际意义是什么。最终，他学会了科学最根本的法则：对科学的热爱，科学深层的意义，以及为什么值得去探究。他说："从某种意义上讲，我是对'科学'上瘾了。"

其实，不只是费曼，几乎所有在科学领域做出巨大成就的科学家，都是对科学"上瘾"的人，他们无比热爱自己所做的事，并能够从中找寻到意义，并感受到激励。

英国生物学家华莱士曾说："只有一个博物学家才能理解我最终捕获它（新的一种蝴蝶）时体验到的强烈兴奋感情。我的心狂跳不止，热血冲到头部，有一种要晕厥的感觉。那天我头痛了一整天，一件大多数人看来不足为怪的事竟使我兴奋到了极点。"

当实验证明可以用牛痘接种法让人们不受天花感染时，詹纳兴奋地写道："我想我命里注定要使世界从一种巨大灾难中解脱出来。我感到一种巨大的快乐，以至于有时沉醉于某种梦幻中。"生物学家巴斯德对这种强烈的情感也有同样的感受，他说："当你终于明白某件事时，你所感到的快乐是人类所能感到的一种最大的快乐。"贝尔纳对此曾评论说："做出新发现时感到的快乐，肯定是人类心灵所能感受的最鲜明而真实的感情。"

那些把快乐和所做之事分开的人，其实是没有发现所做之事的乐趣，没有抱着一种享受的心情去做事，因为是被动的、机械的、麻木的，所以才会感到厌烦。当一个人心里对某件事物产生了抵触和排斥的情绪时，那就不可能竭尽全力地去做，更不会精益求精。那些总能发现工作乐趣的人，他们在做事时是带着激情的，有一种自发的使命感，即使辛苦或遇到挫折，也不会有怨言。久而久之，差距就拉开了。

提到雅虎，大家都不陌生，可提到它问世的经历，却不是每个人都知道。

当年，杨致远从美国斯坦福大学毕业后，留校与大卫·费罗一起进行项目研究，开始了两个人的博士课程。原本，他们的研究方向是自动控制软件，可不久后他们意识到，这个方向早就被几个公司垄断了，发展的空间很有限。

机遇，永远属于有心的人。正当他们为研究方向犯愁的时候，世界上第一个网络浏览器诞生了，杨致远很快就被它迷住了。他和费罗制作了各自的主页，并乐此不疲地天天泡在网上，博士研究工作也被搁置到了一旁。他们开始收集各自喜欢的站点，并相互交换。起初是每天交换，接着是几个小时一交换，再接着随时都在交换，收集的站

 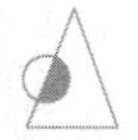

点资料越来越多。他们不胜其烦，最后决定开发一个数据库系统来管理资料。

其实，这是一个很简单的创意，只是当时没有人想到去做。

杨致远和费罗把网络资料整理成方便的表格，将其命名为“杰里万维网向导”，“杰里”是杨致远的英文名。他们共享的这一资源，站点名单越来越长，随即他们就将站点进行了分类。很快，每一类站点也多了，他们又将类分成子类……然后，雅虎的雏形就诞生了！核心就是按层次将站点分类，直到现在这一点也没有改变。到了 1994 年底，雅虎一跃成为业界的领袖。

杨致远和费罗为了这份事业，几乎没有时间休息，可他们从未觉得辛苦，因为这时网络的发展已经给他们带来了潜在的商机。杨致远委托自己在哈佛商学院的同学做了一份详细的计划书，并带着这份计划书寻找风险投资者，那段时间他每天只睡 4 个小时。

多年后回忆起自己的创业经历时，杨致远说：“这项工作很艰苦，但充满了乐趣。有时我有一种从悬崖上跳下的感觉……不知结局怎样。我们想用网络做一切，也许什么也做不成，但我们不在乎，我们不会失去任何东西。人生最大的快乐不是金钱，最让人感觉良好的是你每天都在改变着世界。”

面对这些精英们的成功，许多人都是心生羡慕，却又感叹望尘莫及。

其实，把每一位成功者的经历剖析开，你都会发现，他们的幸运并非从天而降，也一样是付出了辛苦和努力。唯一不同的大概就是，他们始终如一地保持着热忱和激情，无论顺境逆境，都能从中挖掘出有意义的东西，并体会到发自内心的快乐和满足。

加油!!

Chapter7

创新精神

——“距离已经消失，要么创新，要么死亡”

刘先林：匠心六十年，不断追求创新

2017年，一张“书桌”在网络上走红。

这张书桌有什么特别之处呢？它不是什么值钱的木材所制，也没有花哨的设计，有的只是一道道划痕，甚至有一整片的暗红漆色已经脱落了，只见黄黄的木色。换做是普通人家，这样的一张桌子也早被淘汰掉了，可有人却说，这是最“美”的书桌。只因它的主人，是中国测绘科学研究院名誉院长，中国工程院首批院士刘先林。

刘先林，1939年4月19日出生，河北省无极县人。1962年，他从武汉测绘学院毕业；1987年，成为国家测绘局测绘科学研究所教授级工程师；1994年，当选为中国工程院首批院士。在从事测绘仪器研发的近60年里，他用精益求精的工匠精神，把“量尺”做到了极致，把中国测绘仪器的水平推进到国际领先地位。

他曾经用很少的科研经费，取得了一系列重大科研成果，填补了

多项国内空白，为国家节省资金 2 亿多元，创汇 1000 多万元。他说：“测绘工作最直观的体现就是大家手机里使用的地图，而他的工作就是把地球搬回家。”

1963 年，刘先林提出的解析辐射三角测量方法，是写入规范的第一项中国人发明的方法。他获得过的奖项有很多，研制成功的数控测图仪获国家测绘总局一等奖；正射投影仪及与之配套的程序，获 1985 年国家科技进步奖三等奖；解析测图仪成为全国各省市生产大比例尺地图的主流仪器，获 1992 年国家科技进步奖一等奖……这些科研成果都产生了巨大的经济和社会效益，为我国的航测事业做出了突出的贡献。

在此之前，测绘仪器市场都属于半垄断的性质，国内没有相关的品牌，国际品牌似乎也达成了某种共识，相关设备的价格一直很高，而国内相关部门又有需求，只能高价买入。刘先林的脾气很好，可他无法容忍“国外落后的测绘技术高价卖到中国”，他发誓要打破中国先进测绘仪器全部依赖进口的历史。

刘先林做到了，他率领团队研发出的 SSW 车载激光建模测量系统，在世界上都处于绝对领先地位，其后期处理的绝对精度可达 5 厘米，1 千米数据的处理时间只需要 5 分钟，可以提取多达 50 种城市地物要素分类，而国外同类产品即使只提取一种地物要素，也需要半个小时。

刘先林为中国测绘领域带来引领性的突破与颠覆，两次荣获国家科技进步一等奖，即使年事已高，也依然没有停止创新。他这样形容科研工作：“搞科研，苦，实现成果转化，更苦更难。但是把技术应用起来，才是科研成果，不能置于一边、锁在抽屉里。”“科研工作就是需要工匠精神，更需要不断创新，成果就是需要经过多年的研究实践，这样才能经得起考验，实际发挥作用。”

关于高铁二等座的那张照片，中国测绘科学研究院的相关负责人在接受采访时说，刘院士出差本可以乘坐高铁一等座，但因为其他人员不能坐一等座，为了方便交流，他通常都会跟大家一起乘坐二等座。在火车上工作，对于刘院士来说是常态。

在平日的工作和生活中，刘院士一直很朴素，很节俭，能省则省。他作为院士，且年事已高，本应该享受专职司机的待遇，但他拒绝配备司机，一直坚持自己开车上下班，他说：“多给我配一个司机，就要多花一笔钱，这些钱可以用来搞科研。”

刘院士说，他不愿意在买东西上花费太多时间。“如果自己去商场，第一眼看见什么，就买什么，大小合适就行。”他比较倾向于自动化较高的东西，经常逛电器商场，购买各种电器、砂锅、电饭煲，目的就是有效地节省时间。

不仅如此，在科研经费方面，刘院士也很节俭。第一个获得国家科技进步一等奖的解析测图仪项目用了 83 万元；第二个获得国家科技进步一等奖的 JX4A — DPS 项目只用了 35 万元。有人问他，究竟是怎

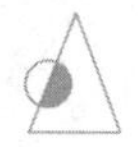

么做到的？他说："第一个秘诀是把钱花在刀刃上，第二个秘诀就是自己往里面添钱。"

生活中的刘院士，会亲自接孙子放学、买菜，中午回家给老伴儿做饭，玩微信、刷朋友圈，跟普通的老人没什么不同。他总是不自觉地提到自己的爱人："我能明白，人老了，一个人在家的时间是很寂寞很难熬的。"为此，他尽量多陪她、多照顾她，还说自己已经提交了退休报告，希望退休后多陪老伴儿出去走走，由于长期忙于工作，陪伴她的时间太少了。

问及刘院士有什么爱好？他想了想，说自己最大的热衷，就是测绘，就是科研工作。但他表示，退休后就做一些小事，要把大的天地留给团队的年轻人。提到从事科研工作的真实感悟，以及对大国工匠精神的深刻理解，他是这样说的："既要动脑，也要动手，要做到实实在在的贡献，做有用的科研，把艰苦奋斗、不怕苦、不怕累、敢于创新的精神传递给年轻人。"

走出思维的栅栏，培养创新精神

如果你是一个探险家，被困在了茫茫雪山中，食物耗尽，精疲力竭。你靠着仅有的设备与外界取得了联系，寻求援救。可是在茫茫雪海里寻找一个人难度太大了，警方出动了数架直升机，还是没能寻觅到你的踪影。在“弹尽粮绝”的情况下，你获救的希望变得越来越渺茫，面对这样的现实，你该怎么办？

事实上，这不只是一个假设的问题，而是一个真实的案例。

那位被困在雪山上的探险家，最终选择了割肉放血！但他不是要自杀，而是用这种可能会加速死亡的方式引得救援人员的注意，鲜血染红了雪地，在白茫茫的视野中格外显眼。最终，在似乎绝望的困境中，他获救了。

在面临困难的处境时，不能因循守旧、墨守成规、停步不前，要敢于打破常规、解放思想、大胆创新，才有可能创造出新的生机。创新，既是一条生存法则，亦是一条成功智慧。

现代社会的竞争异常激烈，如何才能在众多竞争者中脱颖而出？如何能紧跟时代的步伐，笑傲风云、不被淘汰？现实的经验告诉我们：创新！何谓“创新”？就是人无我有、人有我优、人优我改！就是打破现有的僵化工作模式，打破经验主义和教条主义，遇到问题多动脑，冲破旧思路，大胆地探寻新方法、开辟新路径。

哈罗啤酒厂位于布鲁塞尔东郊，无论是厂房建筑还是车间生产设备，都与其他啤酒厂没什么区别。唯一不同的是，这家啤酒厂有一个出色的销售总监杰克，他曾经策划的啤酒文化节轰动了欧洲，如今依然在多个国家盛行。

杰克刚进厂时还不满25岁，他相貌平平、家境贫寒，当他喜欢上了厂里的一个优秀女孩并鼓起勇气表白时，对方却说："我不会看上你这样平庸的男人。"这句话深深刺痛了杰克的自尊心，他发誓要做出一点非凡的事情来，证明自己不是无能之辈。可是，至于具体能做点什么，他并没有理出头绪。

当时的哈罗啤酒厂效益不太好，虽然也想在电视或报纸上做广告，可因销售的不景气根本拿不出这笔资金。杰克多次建议厂子到电视台做一次演讲或广告，但都遭到了拒绝。无奈之下，杰克决定大胆一次，做自己想做的事。

很快，杰克贷款承包了厂里的销售工作，当他正为如何做一个省钱的广告发愁时，他不知不觉走到了布鲁塞尔市中心的于廉广场。那天恰好是感恩节，虽然已是深夜，可广场上依旧热闹非凡，广场上撒尿的小男孩铜像就是闻名于世的小英雄于廉。人们围绕着铜像尽情地欢乐，一群调皮的孩子用矿泉水瓶去接铜像"尿"出来的水，然后相互泼洒。看到眼前的这幅景象，杰克萌生出一个奇思妙想。

第二天，路过广场的人们发现，于廉的"尿"和往常不太一样，它不再是清澈的水，而是色泽金黄、泡沫泛起的"哈罗啤酒"，铜像旁边有一个大广告牌，上面赫然写道"哈罗啤酒免费品尝"。大家觉得新鲜有趣，纷纷拿着瓶子、杯子排成长队去接啤酒喝。

这个新奇有趣的事件惊动了媒体，电视台、报纸、广播电台争相报道。就这样，杰克没有花费一分钱，就让哈罗啤酒上了报纸和电视。这一年度，哈罗啤酒的销售量大增，比往年跃升了 18 倍。

无论是科学研究，还是经营企业，或是个人发展，创新精神都是不可或缺的。不过，这种精神也不是与生俱来的，创新能力也不可能像神话中所描绘的那样会在某天早上突然降临到你的身上，它与个人的工作方式密切相关，是逐渐培养起来的。

第一，充分发挥想象力。

在面对一些无法按照常规模式解决的问题时，就要充分发挥想象力，用特别的方式去处理。要丰富想象力，平日里就要多读书，开阔视野，积累知识。

第二，走少有人走的路。

循着别人走过的路，很难留下自己的脚印，只有勇敢地去怀疑和实践，走少有人走的路，才能发现未知的领域，有不一样的收获。

爱因斯坦读大学时，曾问自己的导师明科夫斯基："我怎么做才能在科学界留下自己的光辉足迹？"明科夫斯基一时间不知如何作答，直到三天后，他把爱因斯坦拉到了一处建筑工地，不顾工人的呵斥，踏上了刚刚铺平的水泥路，并说："只有未被开垦的领域，只有尚未凝固的地方，才能留下脚印。那些被前人踏过无数次的地面，别想再踏出属于你的路来。"这句话让爱因斯坦如梦初醒，在后来的科学之路上，他一直留意着别人未曾在意过的东西，对诸多传统说法提出质疑，大胆创新，最终在人类的科学史上留下了自己的足迹。

第三，换个角度思考问题。

在绞尽脑汁也想不出对策的时候，不妨换一个角度去思考。在某些时候，换一种思维，换一个角度，就会有不一样的发现。圆珠笔刚问世时，芯里装的油比较多，常常油还没用完，小圆珠就被磨坏了，导致使用者满手都是油，很狼狈。为了延长圆珠笔的使用寿命，人们开始尝试用各种特殊材料来制造圆珠，可问题依然没能得到解决。就在这时，有人转变了思路，把笔芯变小，让它少装些油，让油在珠子没坏之前就用完，问题顺利得到解决。

科学的创新精神，就是要走出囚禁思维的栅栏，突破思维定式。世上没有一定成功的事，也没有注定失败的事，只要大胆地迈出第一步，在遵循科学的基础上去创新，总会离成功越来越近。

不要被经验和常规扼杀了潜能

在非洲的撒哈拉沙漠，骆驼是最重要的交通工具，人们需要用它驮水、驮粮、驮货。在长途跋涉中，一头骆驼比十个壮士驮的重量还要重，所以家家户户都会饲养骆驼。骆驼虽好，但驯服起来很难，一旦它狂躁起来，十几个人也拉不住。

为了驯服骆驼，在它们刚出生不久，养骆驼的人就得在地上打下一根用红线缠裹的鲜艳木桩，用来拴骆驼。骆驼自然不愿意被小木桩拴着，它拼命地拽绳子，想把木桩拔出来。但木桩埋得很深，且被绑上了沉重的石头，就算是十几峰骆驼一起用力，也很难把木桩拔出来。折腾了几天后，骆驼筋疲力尽了，开始不再挣扎。

这时，主人把木桩上缠裹的红线拆下来，坐在木桩上，用手悠闲地拉住栓骆驼的绳子，不停地抖动。不甘受摆布的骆驼又开始狂躁起来，它觉得自己比人要强大得多，又开始拼命地拽、挣扎，把四只蹄子都折腾出血来,可紧拉缰绳的人却依然纹丝不动。骆驼渐渐地臣服了，不再折腾。

第二天，牵骆驼缰绳的人，换成了一个小孩子。骆驼再次发起野性，结果还是无果而终。此时此刻，骆驼彻底被驯服了。从这天起，只要主人拿着一根拴骆驼的小木棍，随便往地上一插，骆驼就围着那个小棍转来转去，再不敢和木棍抗衡。随着身体一天天长大，它已经习惯了被小棍牵着的生活，再不想挣脱。

被驯养的骆驼自然听话，但也经常会发生悲剧。有时，当沙暴突然来临,骆驼队的人为了防止自己的骆驼迷失,就会迅速在地上插一根木棍，把一头或几头骆驼全都拴在小棍上。当驼队的主人被巨大的沙暴远远裹走后，骆驼们就死死地待在小棍周围，若是主人生死不明，骆驼失去了为它拔走小棍的人，它们就会一直待在原地，最终被活活地饿死。

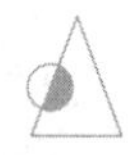

与其说骆驼是被饿死的，倒不如说它们是死于经验和习惯。不可否认，经验对我们有一定的帮助，在工作上能提供诸多的便利。可是，如果死守着经验，总是按照习惯去做事，不懂得变通和创新，就可能被经验束缚，影响潜能的发挥。

美国杰出的发明家保尔·麦克里迪在一次接受记者采访时，说起了这样一件事：

"我曾经告诉我儿子，水的表面张力能让针浮在水面上，他那时候才10岁。当时，我问他，有什么办法能把一根很大的针投放到水面上，但不能让它沉下去。我年轻时做过这个试验，我想提示他的是，借助一些工具，比如小钩子、磁铁等。

"可是，我儿子却不假思索地说：先把水冻成冰，把针放在冰面上，再把冰慢慢化开，不就可以了吗？这个答案，简直让我惊讶万分！它是不是可行，已经不重要了，重要的是，我绞尽脑汁也想不到这样的办法。过往的经验把我的思维僵化了，而我的孩子却不落俗套。"

心理学研究发现，我们所使用的能力，大概只占所具备能力的2%~5%，还有诸多潜力待挖掘。要打开潜力的大门，超越现在的自己，就要打破常规思路，摆脱经验的束缚，去找寻新的方法。在科研或工作生涯中，如果我们渴望不断地超越，有时就该跳离经验，打破常规，不要被它制约和扼杀了潜能。不被经验束缚的人，才能在未来的路上赢得更多的机会。

拒绝慢动作，创新必须抢先一步

一家英语培训机构的负责人说："现代社会，创新一定要有，还得抢先一步。"

这番话，不禁令人想到一篇名为《Google：对不起，盖茨先生，您迟到了》的文章，它详细介绍了Google是如何利用创新超越雅虎、微软等竞争对手的事实。

Google的核心业务是搜索引擎和在线广告，然而在2005年5月，它却推出个性化首页服务，用户登录后可设置邮箱、天气预报、浏览新闻等，这些功能原本是微软下一代操作系统中的零部件，据说比尔·盖茨曾经告诫自己："我们必须时刻盯紧这些家伙，看上去他们在做与我们抢夺市场的东西。"可结果呢？还是被Google捷足先登了。

当然，这只是一个开始。Google就像是打开了魔法盒子，不断地释放令人目不暇接的创新之物。先是Gmail免费电子邮箱，五花八门的功能直接完胜毫无特色的微软Hotmail；接着是工具条软件，简单便捷，迅速超越Windows内设的搜索功能；后是数码管理编辑软件Picasa，一经问世就技惊四座，精巧简单不说，操作起来更是方便，让微软甘拜下风。更重要的是，这些为用户提供的服务，全部都是免费的！

随后，Google 推出了专门为付费企业量身定做的桌面搜索系统特别版，与个人版相同的搜索各种文档、电子邮件、即时通信聊天软件的聊天记录等功能一应俱全，并增加了更多的控制功能和安全功能，只要付费即可使用。

要说 Google 当年的创新高潮，还得数 Google 牌 Gulp 知识饮料，Google 曾经煞有介事地介绍其饮料 Gulp 是能够补充知识的智慧型饮料，但这种限量发售的智慧饮料需要凭 Google Gulp 的瓶盖才能购买到，谁能给你瓶盖呢？ Google 却没有说。

这一举动引发了业内的不同评议，有分析师认为这将有可能拉响微软、IBM 等众多大公司的警报，引起它们的敌意。为了缓解这种敌对态度，Google 的 CEO 施密特解释，此举只是为了吸引更多的企业用户，从而促进其在线广告销售。

有意思的是，文章写到这里时说了一句："但就算所有人都相信，盖茨敢相信吗？"

无论盖茨相信与否，Google 的快速创新确实令人瞠目结舌，为之惊叹！这些出色的产品凝聚的是 Google 员工们的创意和心血，他们始终走在了竞争对手的前面，让跟进者望而却步。从中我们也不难看出，Google 的许多创意，微软及其他公司未必没有想到，只不过没能第一个站出来，也就失去了机会。

创新，永远都是有当下性和实效性的。只要你想具备出色的创新能力，为自己所处的领域带来特别的贡献，就必须要放大格局，与战略目标、经营思路保持高度一致，这样的创新才能够紧跟市场，创造先机或赢得转机。

要实现快速创新并不容易，需要充分的知识储备、丰富的实践经验、高度的责任心，积极主动地激发灵感。同时，还要克服阻碍创新的三大问题。

问题 1：自负心理

创新能力来自不断的学习，如果一个人总是觉得自己什么都懂，骄傲自负不可一世，那他往往就不能静下心来探索和发现新鲜的事物，一味地沉浸在自己的世界里，对周围变化的敏感程度也会降低，难以迸发出新的灵感。

想要提升创新能力，先得从心理上戒掉自负的问题，时刻保持头脑清醒，随时愿意接受新的东西，无论这些知识是来自课本、网络还是其他人。

问题 2：思维定式

心理学家马斯洛说："只会使用锤子的人，总是把一切问题都看成是钉子。"规则和经验很重要，但要获得创意，只懂得遵循规则就会成为一种枷锁。在工作中，一定要打破常规，灵活变通，对一项事物要从多角度、多方面进行观察，从常规中探求新意。

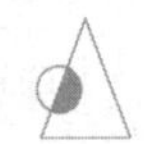

一次，斯隆学院图书馆的自来水设备突然发生故障，溢满的水将许多珍贵的图书浸泡了，待设备修好后，如何挽救被水浸泡的图书就成了亟待解决的问题。如果用一般的烘干方式，无疑会毁掉这些珍品。有一位图书管理员曾从事过罐头生产工作，他想：制造罐头时，通常都是采用低温存放和真空干燥的方式排除水果中多余的水分，如果把这些湿透的书当成"水果"，能不能在相同的条件下，蒸干湿书中的水分，使图书保持完整无损呢？

商议后，大家觉得可行，就把湿书放进冰箱里冷冻，然后放入真空干燥箱中。几天后，奇迹出现了，那些湿漉漉的书全都散尽了水分，毫发无损地保存了下来。

有些问题动用传统的方法解决确实很困难，但如果放开思路，打破常规，灵机一动，问题很有可能在顷刻间迎刃而解。

问题 3：逆变心理

有逆变心理的人，在遇到问题时不是想办法解决，而是想着逃避和依赖。他们抗拒改变，不愿意、不敢去接受新鲜事物，只想寻求安稳。殊不知，不敢冒险就是最大的冒险。未来的竞争，是创造力和创造性的竞争，这一切都来自创新意识，来自在变化中求生存、在变化中求发展的能力。

比尔·盖茨总向员工强调："微软离破产永远只有 18 个月。"他不过是想提醒员工保持创新的紧迫感；与此同时，葛洛夫也有句名言："唯有忧患意识，才能永远常存。"作为员工，想让自己在企业里有长久的发展，就要有创新的紧迫感和敏锐性，让头脑跟随社会形势的变化而改变。

总之，创新，拒绝"慢动作"！走在前面，才可能成为赢家；走在后面，也许连分一杯羹的机会都没有。

见他人之所见，想他人之不想

创新精神不是与生俱来的，它与个人的能力和工作方式有着紧密的联系，是逐步培养起来的。我们永远不能指望它会像神话中描绘得那样，在某个瞬间突然降临到自己身上。大量的观察和研究证明，创新能力是靠创造欲望和强烈的创造动机来驱动的，这就需要从生活的点滴中挖掘自己的创造力，提升创造意识，接受各个领域中的优秀思想。

诺贝尔奖获得者、物理学家阿伯特·森特·乔尔吉认为："创造和发现即是见他人之所见，想他人之不想。"此话运用到现实生活中，大可理解为：要善于在日常的工作中去发现他人忽略的东西，充分发挥创造力，使自己的工作不断增加亮点。

Built NY Inc. 是一家美国设计公司，总部位于纽约市 Flatiron 区。

2006年，该公司设计了一个可以装两个瓶子的布口袋，由于袋子的外观非常独特且十分精美，他们便特意为其申请了专利保护。这个专利是由公司的三个人——家具设计大师斯沃特、罗恩，以及他们的生意伙伴韦斯，共同创意设计的。这个奇思妙想，源自一个酒类进口商的设计业务。

一次，有位酒类进口商找到斯沃特和罗恩，希望他们能帮忙设计一款装酒的皮质提袋，产品既要美观耐看，还要起到保护酒瓶的作用，防止酒瓶被碰坏。这项产品出来后，斯沃特和罗恩突然产生了一个想法：很多人经常带着酒出席宴会，却找不到新潮、好用又便宜的袋子，我们为何不设计一款，填补这一市场空白呢?

说做就做！很快他们就选定了制作产品的材料——可制作潜水衣的氯丁橡胶，这种材料能够有效地隔热绝缘，柔韧性好，色彩也比较鲜艳，做成精美的酒袋再合适不过。因为只是一个简单的袋子，制作工艺并不复杂，材料成本也不高，零售价格不到20美分。所以，此产品一问世，就得到了消费者的追捧，很快成为热销品。

就是这么一个小小的口袋，让三个人获得了众多奖项，其中包括杰出工业设计金奖。后来，纽约现代艺术博物馆礼品商店还把这不起眼的袋子当成艺术品出售，可见其在人们眼中的艺术价值之高。

小布口袋的热销，让精明的生意人韦斯嗅到了潜藏的商机，他觉得这款袋子已经不仅仅是一项简单的工艺设计了，还是一次成功的创新、一项有独特价值的知识产权，甚至可以作为该企业的标志。于是，他联系到斯沃特和罗恩，经过商议后便申请了专利保护，他们的公司也因此一跃成为拥有自己的专利产品和独特品牌的知名企业，在行业内站稳了脚跟。

许多人总觉得创新肯定是轰轰烈烈的，自己距离这个事情太遥远。其实不然，多数创新都来自于对细节的关注，一些看似不起眼的细节，往往就是天堑。

美国投行资深分析师保罗·诺格罗斯曾经这样评价乔布斯："近乎变态地注重细节，是乔布斯的成功秘诀。"当初，为了重新设计系统界面，乔布斯几乎把鼻子都贴在电脑屏幕上，对每一个像素进行比对，他说："要把图标做到让我想用舌头去舔一下。"

对细节的重视，让乔布斯改变了世界。

他允许微软使用自己的图形界面技术，我们无须再背 DOS 命令；他做出了世界上第一个商用鼠标，我们无须再靠键盘输入；他定义了现代笔记本电脑，我们无须再为不能移动办公而困扰……然而，这些颠覆性的创新，不是突然间的发明，而是在某些细微处的改进与提升，他洞察到了别人未注意的细节，做到了别人未做的事，带给了用户与众不同的体验。

在乔布斯这样近乎苛刻的领导者的带领下，留下来的员工都是近乎“疯子”般关注细节的人，苹果公司的整个氛围和空间也是为他们所准备的。在这样的空间里，为用户提供完美的产品，也成了每一个员工进行创新的目标。

管理大师彼得·德鲁克说：“行之有效的创新在一开始可能并不起眼。”而这不起眼的细节，往往会造就创新的灵感，让一件简单的事物有了一次超常规的突破。

世界上没有创新的事物，只有创新的组合。因为，世界上所有事物的基本组成元素就这么几种，懂得或者习惯于创新的人仅仅是把它们进行了重新的组合或者改变了其中的一两种组合而已。创新不一定要“以大为美”，关注工作中的细微之处，创新就在身边！

找到突破口，解开“高尔丁死结”

什么是“高尔丁死结”？这要从流传于古亚细亚的一则寓言说起。

当时，率军征战的亚历山大在占领了小亚细亚的一座城镇后，有人请他观看一辆神话传说中的皇帝战车，车上有一个用套辕杆的皮带奇形怪状地纠缠起来的结子。据说，驾驭这辆战车的皇帝曾经预言，谁能解开这个奇异的“高尔丁死结”，谁就会成为亚细亚之王。

许多人尝试解开这个死结，可最终都失败了。亚历山大见此，兴致顿生，决定一试。他苦思冥想了半天，仍然没有找到解开的办法。

这时，他突然挥起手中的刀，一下把结子劈成两段，并大声宣布："这就是我自己的解结规则！"后来,人们在敬畏亚历山大的智慧和魄力时，也把"高尔丁死结"作为一切疑难问题的代名词。

对任何人而言，在工作中遭遇"高尔丁死结"都是一件正常的事。我们可能都有过这样的体会：刚接触一项新工作时，完全不知从哪儿下手，摸索了一段时间后，好不容易掌握了做事的方法与技巧，新的问题又来了。有的问题，完全超出了你的想象，所有的经验和技巧在它面前都显得苍白无力，整个局面又变得紧张起来，一切就像是回到了最初，又陷入难以解决的困境中，迷茫焦虑，不知所措。

面对这些"高尔丁死结"，怎么办？进取精神告诉我们，不论暂时有没有想到办法，一定不能消极懈怠，自暴自弃。创新精神也提醒我们，任何奇迹都是人创造出来的，跳出固定思维，摆脱过去的经验，试着去探寻其他的途径，或许就能出奇制胜。

科特大饭店是美国加州圣地亚哥市的一家老牌饭店。当年，为了解决电梯超负荷运转的问题，饭店老板准备改建一个新式的电梯，并花费重金聘请了全国一流的工程师，希望他们能够提出一个改建的良策。

专家们经过商讨后一致认为，最好的办法就是在每层楼打一个大洞，在地下室里装一个马达，为酒店增加一部电梯。只不过，在施工的过程中，饭店需要暂时歇业。老板不赞同这个提议，他说："不能歇业！客人不了解情况，如果关门一段时间，他们肯定以为饭店倒闭了。我们必须一边施工，一边营业。”

方案被推翻后，专家们又开始苦思冥想对策。就在他们商谈细节的问题时，刚好有一位清洁工听到了谈话内容，她很担心地对专家们说：“如果每层大楼都打个洞，那岂不是会尘土飞扬？这么脏的环境，客人肯定会有意见的。”

听她这样说，一位专家解释道：“这是在所难免的，当然也会给你们的工作带来很大的麻烦。到时候，还得请你们多协助。”清洁工耸了耸肩，似乎对专家的回答并不满意，她漫不经心地说：“为何不把电梯装在酒店外头呢？那样岂不是可以省去很多麻烦？”

“对呀！”专家们听到这个建议后，眼前一亮，觉得方法可行。很快，这家饭店就在楼外装设了一部新电梯。这个方案，既不用破坏内部的建筑结构，也不会影响饭店的正常营业，最重要的是，把电梯装在大楼外面还成为近代建筑史上的一项新发明。

要给饭店安装电梯，还要饭店的生意不受影响，是不是觉得不可能？安装电梯肯定会发出声音，肯定会有尘土，客人们怎会听不见、看不见？如果饭店歇业，客人们不再光顾，造成的损失可能会更大，这简直就是一个“高尔丁死结”！

然而，这个“死结”最后是怎么解开的？天才的工程师们一直在“尘土飞扬”和“饭店生意”之间徘徊，打扫卫生的清洁工不懂设计原理，不受任何经验的束缚,她随口就说出了自己的设想,最终“死结”打开了。

很多时候，不是人们无法跳出困境，不是问题无解，只是没有发现新的突破口，没有找对路子。那些能够在自己所处的领域中取得非凡成就的人，往往都是善于变换思维方式的人，他们不按照常理去想问题，甚至会把问题倒过来看，可就是这种变通能力，经常让他们找到峰回路转的契机，高效出色地完成任务。

世上从来没有绝对的困境，有时只要稍微调整一下思路，转变一下视角，僵局就能豁然开朗。同样，没有完不成的任务，只有不懂变通的人。在外界条件相差无几的时候，敢于走另一条路的人，更容易开辟出新的天地。

或许，新的思维方式一旦建立起来，
这些旧问题就会自动地消失

Chapter8

奉献精神

——"科学没有国界，但科学家有祖国"

林俊德：为报效祖国，甘愿隐姓埋名

他是一位将军、一位院士，一辈子隐姓埋名，52年坚守在罗布泊，参与了中国的45次核试验任务。一生默默无闻，直至离世前几小时的一张照片，才让整个中国知道他、走近他、了解他。他，就是林俊德。

林俊德于1938年3月13日出生在福建省永春县的一个山村，那里既偏僻又贫穷，读完小学之后，林俊德就被迫辍学了。后来，依靠政府的资助,他读完了中学,并在1955年考入浙江大学。在大学的5年里，他所有的学费都是靠政府的助学金支付的。1960年，从浙江大学机械系毕业的林俊德被分到国防科委下属的一个研究所，开始了他报效祖国的一生。

国防科学工作要求严格保密，林俊德跟千千万万国防科学工作者一样，默默地为之奉献着。他们不能出现在荧幕上，去享受瞩目的荣光；他们也不能出现在报纸上，让人知晓自己的名字；他们甚至在父

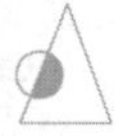

母妻儿面前，也要保密自己的工作内容。灯红酒绿的世界，离他们甚远；富贵显赫的荣耀，也与他们无关。他们的一生，大都在荒漠戈壁中度过，默默无闻。只有在他们去世之后，那些动人的事迹才会被世人知晓。

1964 年 10 月 16 日 15 时，中国人通过自己的努力，成功地引爆了原子弹。罗布泊一声巨响，蘑菇云腾空而起，为了搜寻记录爆炸数据的设备，在蘑菇云还没有散去时，穿着防护服的科技人员就已经向烟云冲去，而林俊德就在其中。那一年的他，只有 26 岁。

为了能在第一时间拿到科研数据，年轻的林俊德没有畏惧核辐射。当时，西方国家在这方面对中国严密封锁和打压，但他们怎么也没想到，在这些获取爆炸数据的设备中，有一个设备竟然是林俊德用不起眼的闹钟和自行车轮胎制成的。

原子弹成功爆炸后的第一时间，现场总指挥张爱萍将军格外激动，他立刻向周恩来总理报告。周总理十分欣喜，但严谨的作风依旧促使他冷静地追问："如何证明是核爆成功？"这时，浑身沾满尘土的林俊德拿着数据匆匆赶到，张爱萍将军即刻向周总理汇报："冲击波的数据已经拿到，这次爆炸是核爆炸。爆炸当量为 2 万吨。"

我们的核试验终于成功了！从废墟中建立起来的中华人民共和国，虽然仅有 15 岁，却拥有了能够与西方抗衡的战略武器。从此以后，那些号称要对中国实行"外科手术"的狂言，终于可以停止了。中国第一颗氢弹爆炸成功后的一项工作，就是在核试验爆炸现场做采集工作，而完成这项工作的，就是29岁的林俊德。他带领小组在爆心附近，步行了几十公里，圆满地完成了核试验爆炸数据的采集任务。

当西方国家从大气层核试验转向地下核试验后，对外实行了严格的限制与封锁。面对这样的形势，林俊德和战友们默默坚守在荒漠，攻克一个又一个难关，研制出了一系列的装备，形成了一个完整的核爆炸冲击波机测体系。1996年7月29日，中国成功进行了最后一次地下核试验,这也是林俊德参加的最后一次核试验。当晚中国政府郑重宣布：从1996年7月30日起，中国开始暂停核试验。

2001年，林俊德当选为中国工程院院士。

悭吝的时间，不肯给这位可敬的科学家临终的从容。

2012年5月4日，林俊德被确诊为“胆管癌晚期”。

没有人会想到，这位伟大的院士从确诊到死亡，只有短短27天的时间。然而，躺在病床上的林老却早有了“危机意识”，他担心自己的生命所剩不多，而科研资料还尚未整理，就一再要求医生和家属把他的办公桌搬到病房里，他说：“我要工作，不能躺下，一躺下就起不来了。”

5月31日，林俊德病情再度恶化，但他9次要求、请求甚至哀求医生让他下床工作。学生和护士一起把林老扶到电脑旁坐下，他说：“我的时间太有限了，你们不要打扰我，让我专心工作。”他带着氧气面罩，

 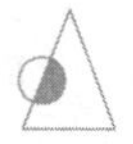

身上插着十几根管子，对着笔记本电脑，缓慢地移动着鼠标。他的电脑里，有关系着国家核心利益的技术文件，它们藏在几万个文件夹中；他的电脑里，还有学生的毕业论文，他们就要答辩了……他意识到自己的时间不多了，必须要尽快去做这些重要的事，他放弃用手术延长生命，选择与死神争分夺秒。

上午10点，林老终于把自己的科研资料整理好，然后颤抖着对女儿说：“C盘我弄完了。”他的手不停地颤抖，视力也开始模糊，他几次问女儿要眼镜，女儿告知眼镜戴着呢！身边的人捂着嘴哭泣，生怕林老听到。即便他答应暂时停止工作，也只愿坐在椅子上休息，几分钟后又继续工作。20时15分，林老的心电图变成了一条直线。这位让罗布泊发出45次巨大轰响的将军，永远地闭上了眼睛。

林俊德说：“我这辈子只做了一件事，就是核试验，我很满意。”

林老一生淡泊，直到去世，依然是没有任何“兼职”的院士。他一生隐姓埋名，没有豪言壮语，留给后辈晚生的只有两句话：“搞科学就是搞创造，就是实事求是讲实效，为国家负责。”多么朴实的话语，又是多么中肯的箴言。

2013年2月19日，林俊德荣获“2012年度感动中国十大人物”荣誉称号，给他的颁奖词是这样写的：“大漠，烽烟，马兰。平沙莽莽黄入天，英雄埋名五十年。剑河风急云片阔，将军金甲夜不脱。战士自有战士的告别，你永远不会倒下！”

科学没有国界，但科学家有祖国

曾任美国国防部海军次长的金贝尔，曾经在评价钱学森时说："他抵得上五个师。"然而，钱学森却很谦虚地推崇另一个人："如果我的价值能够抵得上五个师，那么有一个人的价值至少要达到了十个师。"

是谁得到钱学森如此高的赞誉和评价呢？这个人就是，郭永怀。

1938 年夏，中英庚子赔款基金会留学委员会举行了第七届留学生招生考试，参考者有 3000 多人，而力学专业只招收 1 人。结果，郭永怀、钱伟长、林家翘均以五门课超过 350 分的相同分数被同时录取。1940 年，郭永怀一行来到加拿大多伦多大学应用数学系学习。1941 年，郭永怀到美国加州理工学院学习，与钱学森一起成为世界气体力学大师冯·卡门的弟子，获得博士学位后留校任研究员。

1945 年，美国康奈尔大学成立了航空研究院，郭永怀受聘任教。从 1946 年到 1956 年这十年期间是郭永怀物理系研究的黄金时期，他在此期间发表了大量的研究成果，特别是在空气动力学和应用数学方面的研究成果，更是震惊世界。

郭永怀从事的是科研工作，经常会接触到一些机密资料，而且他和钱学森一样，都是美国不想轻易放走的尖端科技人才。为此，美方就要求他填写一张调查表，其中有两项问题是："你为什么要到美国来？”“如果发生战争，你是否愿意为美国服兵役？”

郭永怀的回答是：“到美国来，是为了有一天能够回去报效祖国。如果发生战争，不愿为美国服兵役。”就这样，他失去了涉密资格，也上了美国政府的黑名单。

身在异国的郭永怀，没有一刻不在关注祖国的发展。那时，他和钱学森都是国防尖端技术的研究员。他们深知，如果没有原子弹的话，中国永远无法在美苏面前抬起头来，经济再繁荣，到头来也是一场空。

当时，被美国监视拘留了五年的钱学森，总算熬到回国的时刻。临行之前，他还不忘与郭永怀约定：一年后在祖国的土地上共同为祖国的崛起效力。钱学森回国后，郭永怀就坐不住了，他每天都在思索回国的事。当时，不少朋友劝他：康奈尔大学教授的职位很好，将来孩子也能在美国接受更好的教育，为什么总是惦记着贫穷的祖国呢？对于这种劝说，郭永怀非常气愤：“家穷国贫，只能说明当儿子的无能！”

美国自然不愿意放郭永怀回国，那将会给他们造成巨大的损失。为了避免美国政府的阻挠，向来沉默的郭永怀，在西尔斯院长举行的欢送烧烤晚宴上，做了一个惊人的举动：他把自己多年来的研究数据手稿，全部扔进了炭火堆！那些资料都是最核心的研究成果，妻子李佩看到这一幕时也惊呆了，为此深感惋惜：“何必要烧掉呢？回国还有用呢！”

郭永怀却说："这些东西烧了无所谓，省得他们再阻挠我回国，反正这些早就已经印在了我的脑子里。"

1956年9月，郭永怀夫妇回国。回国之后，郭永怀开始负责原子弹的理论探索和研制。1964年10月16日，中国第一颗原子弹爆炸试验成功；1965年9月，中国第一颗人造卫星的研制工作再次启动，郭永怀受命参与"东方红"卫星本体及返回卫星回地研究的组织领导工作；1967年6月17日，中国第一颗氢弹爆炸试验成功！

1968年10月，郭永怀因遭遇飞机失事，不幸离世。当人们辨认出郭永怀的遗体时，他和警卫员牟方东紧紧地抱在一起。人们费力地把他们的遗体分开后，中间掉出了一个装着绝密文件的公文包，它竟然完好无损。

1999年，郭永怀被授予"两弹一星荣誉勋章"，他横跨了核弹、导弹、人造卫星三个领域，是迄今为止唯一以烈士身份被追授"两弹一星"奖章的科学家。

现在我们可以挺直腰板与每一位列强谈笑风生，原因就是我们有撑起脊梁的底气。他们留给我们的不仅是不朽的学术成就，还有一份强烈的爱国情怀，那是永远值得珍藏的精神财富。他们用生命诠释了那句话："科学没有国界，但科学家有祖国。"

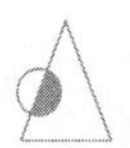

以大局为重，舍得牺牲个人利益

电影《铁面人》里，菲利普亲王被他的弟弟（国王路易）关押在巴士底狱里，效忠于菲利普亲王的骑士团冒险将他救出，结果遭到了路易国王火枪队的伏击。路易下令开火，但火枪手们却没有扣动扳机，而是丢掉了枪支，庄严肃穆地向菲利普亲王骑士团仅存的 4 名血迹斑斑的骑士行礼致敬。那一刻，至高无上的国王也失去了尊严。

骑士，为什么能够赢得这样的礼遇和尊重？因为，在需要他们付出代价成全大多数人的利益时，他们敢于牺牲，无论是利益还是生命，都舍得放弃。我们所处的时代和国家，与之迥然不同，但这种舍得牺牲自我利益的精神，却依然是不可或缺的。

我们很难想象：一个只为个人和家庭利益着想，而不为他人、民族和人民大众的利益考虑的人，在科学上会有重大的贡献。科学不是自私自利的享乐，从大局上来讲，它是为全人类的生存发展谋福。中外历史表明，但凡有重大发明创造的科学家，通常都是有着强烈的社会责任感和乐于奉献社会的人。

1993 年 9 月 3 日，钱学森在其信件中写道："我们这帮人是找到了出路的，这就是中国知识分子的出路：为祖国的科学技术、文化事业无私奉献，直至最后。”

钱学森列举了许多世界知名的科学家，如爱因斯坦、奥本海默、鲍林等人，说他们不仅献身世界和平与人类进步事业，并且他们的思想是辩证唯物主义的。他还特别推崇美国女生物学家麦克林托克为科学事业的献身精神，她为了研究遗传基因中的转座基因，每天都在田间“和玉米对话”，几十年如一日。

钱学森本人一生淡泊名利，不追求荣誉和地位。他对科学事业的奉献也是无私的，对科学充满了进取的精神，勇攀高峰，对科学技术的攻关扎实而严谨。

在谈到从事科学活动时，钱学森这样说：“一方面是精深的理论，一方面是火热的斗争，是冷与热的结合，是理论与实践的结合。这里没有胆小鬼的藏身处，也没有自私者的活动地：这里需要的是真才实学和献身精神。”

钱学森非常关注人民的素质，他研究人体科学的目的，就是为了提高人们的智慧。他还很关注人民的幸福，包括建设山水城市等。与此同时，他一直关注国家富强，积极建议设立社会主义建设总体设计部，把综合集成法和总体设计部看成是这个研究小组的核心。他还一直关注社会进步，直至晚年都心系着我国的教育事业。

1989 年，党和国家领导人会见钱学森。钱学森感激党中央和国务院对自己的关心，他说了一番真诚而动人的话：“作为一名科学家，活着的目的就是为人民服务，人民对我们的工作满意的话，那就是最高的奖赏。”

甘于奉献、舍得牺牲自我利益的人，总是值得尊敬的。对我们而言，也许从事的不是什么科研大业，只是一份普通的工作，但这丝毫不影响我们去践行踏实、肯干、奉献的精神。在业务繁忙、时间紧迫需要加班时，主动放弃一点休息时间，尽自己的绵薄之力；当个人荣誉和组织荣誉发生冲突时，能暂时放下个人得失，先为组织的荣誉考虑；在效益不济时，想尽办法节约成本、提高效率……工作中的牺牲不总是轰轰烈烈的，多数情况下就是重复这些简单的事，若真的做好，就是不简单。

别把工作中的“牺牲”想象得太大、太难，它不是要我们完全地摒弃个人利益，而是在做好本职工作的基础上，多为组织的整体利益着想，在组织需要你的时候，不找借口去逃避，不抱怨付出的辛苦，不计较个人的得失，一切以大局为重，树立主人翁意识。

注重团结协作，杜绝单打独斗

参与我国第一颗原子弹设计的科学家周光召，曾在爆炸试验成功后，得到外界的深厚赞誉。对此，他这样回应：“科学的事业是集体的事业，制造原子弹，好比写一篇惊心动魄的文章。这文章，是工人、解放军战士、工程和科学技术人员不下十万人谱写出来的！我只不过是十万分之一而已。”

无论是新时代，还是历史年代，这些为国家做出巨大贡献的科技工作者，都心存一份谦卑和一份集体荣誉感。他们从来没有把科研当成是标榜自我能力的平台，而是将其视为一份为国为民的大事业；他们从来没有想过要通过某一项科研成果，去给自己换取怎样的荣耀，而是把成功归功于团队。

事实上，科学也的确不是一个人的事业，而是一群人的事业；科研成功不可能单凭一己之力创造，而是一个精干团队集思广益、携手攻克万难，最终换来的成就。再延伸一点来讲，总想“逞个人英雄”的观念和行为，在任何一个领域都是行不通的。一个项目的成功、一个组织的壮大，更多的是依靠团队的力量。当个人利益与团队利益发生冲突时，一切要以大局为重，而不是逞个人英雄主义。如果无视他人的配合协作，一味地追求自我，瞧不起任何人，不仅会影响人际关系，还会导致团队士气的下降。

现代社会不是单枪匹马的时代，小的成功可以靠个人，大的成功一定要靠团队。毕竟，一个人的能力再强，他的力量也是有限的，一旦把各种有效的力量聚集在一起取长补短，就能创造出奇迹，并为每个人带来更多的机会。

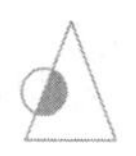

Google 是世界上最大的互联网技术服务商，也是一家以技术发展见长的公司，可它不是唯技术至上。在招聘员工时，Google 更注重的是“宽容与合作”。

2005 年，时任 Google 中国区总裁李开复在国内招聘了 50 名高校毕业生，这些人中有 40 多位都具有硕士、博士学历，其余几位也是优秀的本科生。这些人多半都是电子、计算机、数学专业出身，是从数千位报名者中筛选出来的精英。为此，有人特意问过李开复，他是根据什么标准来选拔人才的。

李开复是这样回答的：“技术能力当然很重要，但我们 Google 是个大的团队，只有那些具有团队合作精神的人才能够来到这里工作，只是天才但是不会与人合作的人在这里是不受欢迎的。”

在招聘过程中，有不少应聘者就是因为缺乏团队合作意识落选的。一位名校的计算机专业学生，笔试时得了满分，但在面试时这位学生却表现出了极大的不耐烦，最终被拒之门外。还有一位在某专业领域堪称权威的教授，李开复曾经劝说他加入 Google，但他在面试时表现得十分傲慢，依仗着自己资历老，把任何人、任何事都不放在眼里。考官们相信，如果让这位教授加入 Google，那么他不会平等对待公司的员工。考虑再三，李开复选择了放弃。

无论是搞科研事业，还是经营企业，没有合作精神都是难以获得长远发展的，而没有团队意识的人也是难以获得用武之地的。因为，现实告诉我们，从来没有全能的个人，最完美的只能是每个人都积极合作的团队。

传承的是精神，不变的是情怀

2017年，央视新闻联播播报了全国精神文明建设表彰大会的新闻，一位老人引起了大家的注意，他就坐在习总书记的身边。这位老人看起来没什么特别，但他却一点都不平凡，他就是大名鼎鼎的“中国核潜艇之父”——中船重工第719研究所名誉所长、首批中国工程院院士、我国第一代核潜艇总设计师黄旭华。

1926年，黄旭华出生在广东省的一个乡医之家。受家庭环境的影响，儿时的他希望长大后也能成为一名优秀的医生。无奈，年少时的他恰好赶上了战争年代，求学生涯辗转多地，一点也不安稳。这样的经历让他意识到，唯有科技才能强国。

1945年，黄旭华被保送到中央大学航空系，之后他以第一名的成绩考入国立交通大学（今上海交通大学），开始追寻“造船造舰”抵抗外侮的报国之梦。

1954年，美国“鹦鹉螺号”核潜艇第一次试航，这种新型武器的巨大能量，完全超出了人们当时的想象。四年后，我国也开始启动研制导弹核潜艇，黄旭华被选中参加研究。

20世纪50年代末的中国，没有一个人真正了解核潜艇，也没有任何的经验可循。那时的祖国，无论是物质还是知识，都可谓是一穷二白。在没有任何参考资料的条件下，黄旭华和同事们大海捞针般地搜集有关核潜艇的碎片消息。后来，有人从国外带回来两个核潜艇的儿童玩具模型，黄旭华在拆解这两个玩具时，竟然意外地发现，这与他们构思的核潜艇图纸大致是一样的。

这给黄旭华及团队带来了启发和动力，他们用算盘和计算尺去计算核潜艇上的大量数据。潜艇上的设备、管线数以万计，黄旭华要求每一个都得过秤，几年来每次称重都是“斤斤计较”。最终，数千吨的核潜艇在下水后的试潜、定重测试值和设计值毫无二致。

功夫不负有心人。1974年，我国第一艘核潜艇命名为“长征一号”，正式列入海军战斗序列。从1965年“09”计划正式立项，用了不到十年的时间，我国就造出了自己的核潜艇。

当年，在黄旭华奉命进京参加“核潜艇总体设计组”的工作时，领导给他提出了这样的要求：“时时刻刻严守国家机密，不能泄露工作单位和任务；一辈子当无名英雄，隐姓埋名；进入这个领域就准备干一辈子，就算犯错误了，也只能留在单位里打扫卫生。”

黄旭华毫不犹豫地答应了，他说：“我能承受。在大学时我经受过地下组织严格的纪律性、组织性的锻炼和考验，相比之下，隐姓埋名算什么？”在领受研制核潜艇的使命后，他就奉命进京了。家人只知道他是去出差，却没想到自那以后，他竟然神秘地“失踪”了。虽有信件寄回来，可家人却不知道他在哪儿，也不知道他在干什么。

这一别，就是 30 年。父亲临终时，也没有见到黄旭华的身影，他被家人误会成不孝，家人慢慢和他断了联系。当时的心痛，恐怕只有他自己知道，可他依然坚信，对国家的忠就是对父母最大的孝。直到 1987 年，黄旭华隐秘 30 年的生活才逐渐显露于世。

上海《文汇月刊》刊登了长篇报告文学《赫赫而无名的人生》，黄旭华把报刊寄给了广东老家的母亲。母亲看过文章后，才知道儿子这些年的去向，30 年没回老家的“不孝子”，终于令母亲自豪了！她反复阅读了几遍，之后含泪对家人说：“三哥（黄旭华）的事情，大家要理解，要谅解。”

待黄旭华回老家探亲时，95 岁的母亲与他对视，却无语凝噎。30 年后再相见，黄旭华已年过花甲，双鬓染白。他说：“我欠我的父亲母亲，欠我的兄弟姐妹，欠我的夫人，欠我的小孩，我的情债欠得太多太多了，但没有一个人埋怨我，我很感谢他们。”

2013 年，黄旭华被评为“感动中国”十大人物，颁奖词这样写道：“时代到处是惊涛骇浪，你埋下头，甘心做沉默的砥柱；一穷二白的年代，你挺起胸，成为国家最大的财富。你的人生，正如深海中的潜艇，无声，但有无穷的力量。”

2014 年，词作家阎肃又为黄旭华写下这样的词：“试问大海碧波，

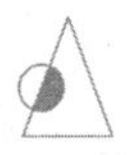

何谓以身许国。青丝化作白发，依旧铁马冰河。磊落平生无限爱，尽付无言高歌。”

这样的赞誉本是黄旭华应得的，而他却很释然地说：“我很爱我的母亲、妻子和女儿，我很爱她们。但我更爱核潜艇，更爱国家。我此生没有虚度，无怨无悔。”

中国梦连着科技梦，科技梦助推中国梦。中国科技事业的发展经历了一段艰辛的旅程，一代又一代科学家为此奉献出了他们毕生的心血，乃至生命。他们那一份崇尚民主、追求真理、淡泊名利的科学精神，以及为国为民的真切情怀，永远值得敬畏和传承。

一心渴望成功、追求成功，成功却了无踪影；

甘于平淡，认真做好每一个细节，成功却不期而至

1. 中国社会科学网：http://www.cssn.cn/

2. 百度百科：https://baike.baidu.com/

3. 360 个人图书馆：http://www.360doc.com/index.html

4. 文档之家：http://www.doczj.com/

5. 道客巴巴：http://www.doc88.com/

6. 豆瓣读书：https://book.douban.com/

7. 人民网：http://www.people.com.cn/

8. 中国知网：http://www.cnki.net/

9. 豆丁网：https://www.docin.com/

10. 新浪博客：http://blog.sina.com.cn/

11. 搜狐网：http://www.sohu.com/

（注：本书参考了许多书籍和文献，标注如有遗漏，恳请见谅并联系我们。）